家风研究

浙江名人家风研究

传承、创新与弘扬

杨 云 著

浙江工商大学出版社 ZHEJIANG GONGSHANG UNIVERSITY PRESS | 杭州

图书在版编目(CIP)数据

浙江名人家风研究 ：传承、创新与弘扬 / 杨云著.
— 杭州 ：浙江工商大学出版社，2019.6
ISBN 978-7-5178-3261-4

Ⅰ. ①浙… Ⅱ. ①杨… Ⅲ. ①家庭道德－研究－浙江
Ⅳ. ①B823.1

中国版本图书馆CIP数据核字(2019)第112820号

浙江名人家风研究：传承、创新与弘扬
ZHEJIANG MINGREN JIAFENG YANJIU
CHUANCHENG CHUANGXIN YU HONGYANG
杨 云 著

责任编辑 张婷婷
封面设计 林朦朦
责任印制 包建辉
出版发行 浙江工商大学出版社
（杭州市教工路198号 邮政编码310012）
（E-mail：zjgsupress@163.com）
（网址：http://www.zjgsupress.com）
电话：0571-88904980，88831806（传真）
排　　版 杭州彩地电脑图文有限公司
印　　刷 杭州高腾印务有限公司
开　　本 710mm × 1000mm 1/16
印　　张 9.25
字　　数 140千
版 印 次 2019年6月第1版 2019年6月第1次印刷
书　　号 ISBN 978-7-5178-3261-4
定　　价 36.00元

浙江工商大学出版社营销部邮购电话 0571-88904970

前 言

家风，对于生活在现代社会的我们而言，是一个既熟悉又陌生的词语。顾名思义，家风，是一个家庭（家族）的风气、习俗、风貌或文化，是一个家庭（家族）代代相传的规矩，是能够影响家庭（家族）成员精神、品德及行为的一种传统风尚。家庭是社会的基本细胞，是人生的第一所学校。家，对每个中国人而言都意义非凡。可以说，世界上没有哪个民族的人像中国人这样，重视自己的家庭。家，是中国人安身立命的根基，也是中国人做人、处事、涉世的第一学堂。家，承载着中国人的血脉亲情，也承载着中国人的道德伦理。

自古以来，中华民族就非常重视家庭、重视亲情，注重家风、家教的养成与传承，所谓“修身、齐家、治国、平天下”，“齐家”是“治国”“平天下”的根基。“齐”是整肃的意思，“齐家”指的就是整肃家风、家规。追溯历史，不管是帝王将相、名门望族，还是寒门庶族、平民百姓，大多有自己的家风家训对家族成员进行约束和引导，从而达到“整齐门内，提撕子孙”的目的。从《颜氏家训》到《曾国藩家书》，中国古代公开出版的“家训”在百种以上。虽然不同家庭（家族）的家风家训彼此不尽相同，但所传递的核心价值理念都是“仁义礼智信”等中华传统美德，所蕴含的核心价值指向都是把家庭（家族）中良好的伦理价值和道德风尚世世代代传承下去。

随着社会的变迁、家族制度的衰落以及家庭结构的变化等，家庭所秉持的“忠厚传家久，诗书继世长”的传统内容逐渐被冷落，家风家训逐渐被人们所淡化，其指引和约束作用逐渐式微。根植于传统宗族制度的家风，在历经五四运动以及中华人民共和国成立后的历次破旧立新的运动以后，其文化传承性受到了阻碍，传统家风文化的社会基础与动力机制发生了重要的改变。不过，当前家庭仍然是人们活动的重要场所，是人们安顿心灵的精神家园，家庭的稳定、和谐对社会的稳定、和谐仍有着重要的基础性作用，家庭建设也仍是社会治理的一项重要内容，“家和万事兴”的传统伦理理念仍然是现代家庭的基本理念与核心价值。

习近平总书记非常强调家庭建设的重要性，他指出良好的家庭教育不仅能够影响到家风、社风的形成，在党风、政风建设上也能发挥积极作用。在2015年春节团拜会上，习近平总书记指出：“中华民族自古以来就重视家庭、重视亲情。家和万事兴、天伦之乐、尊老爱幼、贤妻良母、相夫教子、勤俭持家等，都体现了中国人的这种观念……家庭是社会的基本细胞，是人生的第一所学校。不论时代发生多大变化，不论生活格局发生多大变化，我们都要重视家庭建设，注重家庭、注重家教、注重家风，紧密结合培育和弘扬社会主义核心价值观，发扬光大中华民族传统家庭美德，促进家庭和睦，促进亲人相亲相爱，促进下一代健康成长，促进老年人老有所养，使千千万万个家庭成为国家发展、民族进步、社会和谐的重要基点。”2016年12月12日，在出席第一届全国文明家庭表彰大会时，习近平总书记再次强调了家庭文明建设的重要性。他指出，无论时代如何变化，无论经济社会如何发展，对一个社会来说，家庭的生活依托都不可替代，家庭的社会功能都不可替代，家庭的文明作用都不可替代。广大家庭都要重言传、重身教，教知识、育品德，帮助孩子扣好人生的第一粒扣子，迈好人生的第一个台阶，强调要动员社会各界广泛参与家庭文明建设，推动形成爱国爱家、相亲相爱、向上向善、共建共享的社会主义家庭文明新风尚。

当前，重拾家风、重构家风、重塑家风的热潮涌动。自2014年马年春节中央电视台推出《新春走基层·家风是什么》特别节目以来，“家风”的话题迅速激发了公众的广泛热议，引发了全社会对继承优秀文化传统以及弘扬社会主义核心价值观的大讨论。在重拾家风、重构家风、重塑家风的热潮之下，本书把地方名人的家风家训作为弘扬我国优秀传统文化与重塑我国优良家风文化的一个切入点与突破口，通过对地方名人家风家训的研究与传播，旨在以地方名人家风文化为引领，弘扬我国优秀传统文化，在当今社会构建起一种优良的家风文化，推动社会主义核心价值观在千万家庭落地生根。

家风是中华文化传承的具体载体，名人之所以成为名人，除了有其时代的偶然性之外，更多的是因为“耕读传家”“诗书传家”等优良家风的熏染，以及“修身、齐家、治国、平天下”等儒家入世的优秀传统文化基因的传承。此外，“名人”这一概念能够引起人们较强的亲近感与自豪感，更容易激发人们了解与学习家风的兴趣，易于人们在修身立德、治家教子等各方面加以学习与效仿。“中国人有祭拜先祖、遵循祖训的传统，也有尊崇效仿名门望族的心理习惯。”①“家风传承这一内化过程并不是一开始就在全社会范围内发生的，而是一个由世家大族制定并引领公共舆论的渐进过程。”②自古以来，世家望族的家教和家学就引领着社会风尚和时代潮流，对地方名人家风家训的梳理与弘扬，可以引导与带动人们关注家风、重视家风、重构家风，有利于营造一种“忠厚传家久，诗书继世长”的优良家风文化。

此外，当前我国社会是一个市场经济空前活跃，大众创业、万众创新齐放光彩的高度商业化的社会，商人群体是较为广泛且重要的群体，其影响面与辐射面都非常广，商人的家风家教对社会风气的走向有着重要的影响，对社会的稳定与和谐发挥着至关重要的作用。本书也尝试对宁波帮、浔商中几位浙商代表性人物的家风进行梳理，将对浙商名人的研究视角投注到家风家教上，以期引发广大商人群体对“家”文化进行思考，加强家庭建设和家族教育，在经营好企业的同时，经营好“家”。

---

① 申勇、张宇珺：《央视新春“问家风”让民族信仰在家风中传承》，《电视研究》2014年第4期。

② 周春辉：《论家风的文化传承与历史嬗变》，《中州学刊》2014年第8期。

目　录

第一章　家风及其历史流变

第一节　家风及其功能

一、家风释义

家风又称门风，是一个家庭或一个家族历经世代沉淀、承继和发展所形成的独特稳定持久的风气、风格和风尚，是一个家庭（族）在世代繁衍过程中逐步形成的较为稳定的生活作风、生活方式、传统习惯、道德规范和为人处世之道的总和。家风，是一个家庭（族）的精神内核，也是社会的价值缩影，更是世风民风的重要组成部分。

家风既存在于贤门世家、名门望族，也存在于市井百姓、普通人家，它“通常以生活经验、实践智慧或价值理念的形式蕴含于家训、家规、族谱等文献载体中，也以实践理性的样态渗透在家庭成员的日常行为中”[①]。家风的表现载体除了以文字记载的家训、家规、族谱等纸质文献外，还有考古出土文物资料，如阖闾城遗址博物馆所展示的吴王阖闾的女儿叔姬寺吁的嫁妆——“吴王光鉴”，其上铭文就反映了我国传统文化中“尊老爱幼”的思想，是我国考古出土文物中发现的吴国最早的“家训”。[②] 此外，以实践理性的样态渗透在家庭成员日常行为中的言传身教等家教活动也是家风的表现载体。

---

① 李建华：《家风家教：激发传统文化正能量》，《中国教育报》2014 年 4 月 18 日。
② 刘宝山：《考古出土所见吴国最早的“家风”文化》，《江南论坛》2014 年第 4 期。

家风一词，最早见于西晋文学家潘岳的作品中。西晋文学家夏侯湛，将《诗经》中有目无文的六篇“笙诗”，补缀以成《周诗》，并拿给潘岳看。潘岳认为：这些诗篇不仅温文尔雅，而且可以看到孝悌的本性。为与友人唱和，潘岳创作了《家风诗》，被誉为“始述家风”。他自述家族风尚，通过歌颂祖德、称美自己的家族传统自我勉励：“绾发绾发，发亦鬓止。日祗日祗，敬亦慎止。靡专靡有，受之父母。鸣鹤匪和，析薪弗荷。隐忧孔疚，‘我’堂靡构。义方既训，家道颖颖。岂敢荒宁，一日三省。”

家风与家训、家教密切相关。家风是伴随着家训、家教而形成的。家训是指家庭对子孙立身处世、持家治业等方面的教诲。广义的家训包括族规、家法、遗书、遗言、分家析产书、家书等。家教是指父母对子女的教育，反映父母的德行素养对子女的教育和影响。“两晋至隋唐时期，我国传统家训趋于成熟，并走向系统化、理论化，‘家风’的概念才由此出现。”“一般来说，家风始于家训但又不限于家训，它是某一家族世代相传的相对稳定的门风。家风和家训相比，更注重传承性以及后世子孙对于家训的践行。”①

关于家风、家训、家教的关系，专家学者多有论述。如中国伦理学会会长万俊人认为，“家教是家风形成的基础，家风是家教效应即家庭或家族道德伦理风范和文明教育水准的外在显现，家训则是维护家风的基本规范体系”②。中国伦理学会副会长李建华认为，“家风的世代传承通常要依凭良好的家教。家教是在家庭或家族中展开的对其成员的涵养、教化，尤其是对下一代的教导与培育”，“家风本身就是一种润物无声、耳濡目染式的家教；家教既是家风的传承方式，本身也是一种家风”。中国教育科学研究所研究员储朝晖认为，“家庭成员在日常生活中进行代际传播家风就成为家教，对家教进行文字的提炼就成为家训”③。可以说，家教、家训都是家风的一种体现，隶属于家风文化的范畴，家风相对而言是一种润物细无声、潜移默化、耳濡目染的教育力量，侧重于“无形的身教”；

① 陈延斌、杨威：《家国情怀：中华优秀传统家风文化》，中国方正出版社 2018 年版，第 23 页。
② 万俊人：《也说家教家风》，《光明日报》2014 年 3 月 3 日。
③ 储朝晖：《家风是文化传承的基因》，《光明日报》2014 年 2 月 24 日。

家教家训相对而言是一种“有形”的、有意识的教育力量，侧重于“言传”“书传”。[①]

二、家风的功能阐析

家风是一个中性的概念，它并不必然具有正面的意义，而是有好坏优劣之分。有的家风可能是勤奋俭朴、为人忠厚、待人有礼；有的家风则可能是狡诈刻薄、任意为非、忿戾凶横。极端而言，没有家风也是一种家风。

作为传统社会家庭或家族在漫长的发展过程中所总结出来的经验和方法，家风家训从一开始就有着较为明确的指向，它的根本目的与最终归宿是助力子孙的成长成才，辅助家族稳定发展、经久不衰。综合来说，良好的家风可以起到以下几项作用。

（一）规制个人的社会化

社会化是由“自然人”到“社会人”的转变过程，每个人必须经过社会化才能使外在于自己的社会行为规范、准则内化为自己的行为标准。《中国大百科全书·社会学卷》指出，社会化是指“自然人成长为社会人的过程。从一定的意义上讲，刚出生的婴儿是同其他动物无多大差别的生物人或自然人。社会通过各种教育方式，使自然人逐渐学习社会知识、技能和规范，从而形成自觉遵守与维护社会秩序的价值观念和行为方式，取得社会人的资格”[②]。人的社会化一般分为儿童社会化、青年社会化、继续社会化和再社会化，教育是社会化的主要途径。家庭是个人社会化的首要场所，家风这一无形“教材”会对人的社会化产生根深蒂固的先导作用，并在整个社会化过程中起着举足轻重的影响作用。

（二）实现家庭的自我控制

家风是家庭（家族）成员共同的生活准则和行为规范，潜移默化地影

①杨云：《名人家风模因及其参鉴价值——以钱学森为例》，《湖南人文科技学院学报》2015年第2期。
②《中国大百科全书·社会学卷》，中国大百科全书出版社1991年版，第303页。

响着人们的心理，广泛有力地制约着人们的活动，对全体家庭成员发挥着教育、规范和控制的作用。在我国传统社会，家训教化的发展经历了从“教”到“教惩合一”的历史嬗变。“教”即说教，是指通过语言的引导、以身作则等方式，完成预定的教育目标，使家族成员从“无知”到“有知”，并用“有知”规范自己的行为。“惩”即惩戒，是指对那些“有知”而“不做”、“有知”却“错做”的家族成员进行外力规范，具有一定的强制性和约束性。[①]在当今社会，家风家训依然可以实现对家庭成员的约束和规制，从而实现对家庭的内在控制和自我控制，进而实现在基础环节上的社会控制。

（三）激励和指引家族成员的成长

家风除了教育、规范和控制的作用外，还发挥着感染、激励和同化的作用。家族成员通过祖辈、父辈、兄辈等生动的言传身教，长期的教诲和训教以及家族成员间彼此行为的效仿和优秀品质的借鉴，往往会激发自身不断奋发进取，从而对自身的成长与发展起到激励与指引的作用。俗话说“君子之泽，五世而斩”，但在历史的长河中也有例外，比如曲阜孔氏与吴越钱氏。这些家族之所以能不断繁衍、代有人才，一方面与内在层面立身行道以扬名后世的“孝”文化有关，另一方面也与外在层面家族历代才子俊杰的激励与带动密不可分。

第二节　家风的形成与历史流变

一、家风的起源与形成

作为家庭或家族世代相传的一种风尚、生活作风，家风的起源难以考证。在原始社会时期，家庭就已经诞生。“家”字，即“宀”下一“豕”。

① 陈延斌、杨威：《家国情怀：中华优秀传统家风文化》，中国方正出版社 2018 年版，第 18 页。

“宀”，山洞之象形，可以认知为洞穴和房屋；“豕”，指猪。远古时期，人没有定居之时，过着游猎生活，而在游猎的过程中，抓到了野猪，就把它绑在山洞里，与其同居一洞。这样一来，人也因训化猪而定居下来，不再游猎，从此以后，安家成了首要任务。

在原始社会人们必须群体生活才能生存，最早的组织是血缘关系组成的氏族部落，这便是“家”的雏形。由若干个家庭所组成的部落，有着共同的信仰和图腾。这些图腾大多是鹰、蛇、蛙等动物的形象，这些动物要么凶猛好斗，生存能力极强，要么能够感知气候，有着发达的繁衍能力。这些图腾也许是最原始家风存在的形式。

原始社会最后逐步衍化到各部落之间为食物进行互斗，在这个过程中起到最大作用的就是家族，母系氏族转化成父系氏族，血缘繁衍关系是根本原因。这种由血缘家族关系维持的原始部落的家，到黄帝时期，形成多种部落的联合，成立了国家式的部落联盟体制。后部落联盟进入国家阶段。周武王灭商后，采用分封制来进行家国治理，普天之下成为一个奉周王为“共主”的大宗族，以血缘为主体的宗法关系，把“家”与“国”紧密地联系在一起。春秋时期，孔子致力于按周礼重建社会道德规范，创立儒家学派。经过几千年的发展，结合儒家思想三纲五常的伦理道德，形成了中国独有的家风、家训、家教等家族文化体系。

家风的形成，往往是一个家族链上某一个人物出类拔萃、深孚众望而为家族其他成员所宗仰追慕，其懿行嘉言便成为家风之源，再经过家族子孙代代接力式的恪守祖训，流风余韵，代代不绝，就形成了一个家族鲜明的道德风貌和审美风范。王立群先生在其著作《家风家训：王立群智解成语⑥》一书中对家风的形成过程进行了归纳：“一个家族某个时期出现了某个出类拔萃的人物，在家族内部享有崇高的声誉和权威，是这个家族的典范与榜样，他的言行往往就成为家风之源，再经过子孙后代一代代地遵循或者补充，就形成了一个家族明显的道德准则和行为规范。”[①]家风以一种隐形的形态存在于特定家庭或家族的日常生活中，家训教化是家风建设的主要路径。在农耕文明时期，文字的普及与流传并不广泛，家风更多

① 王立群：《家风家训：王立群智解成语⑥》，大象出版社 2016 年版，第 21—22 页。

的是一种约定俗成的行为规范，比如孝悌为本、勤俭持家、以和为道等等。我国最早最可信的关于家训文化的记载，是周武王之弟周公旦在儿子伯禽就封于鲁国临行之前的当面“庭训”：“我文王之子，武王之弟，成王之叔父，我于天下亦不贱矣。然我一沐三捉发，一饭三吐哺，起以待士，犹恐失天下之贤人。子之鲁，慎无以国骄人。”[①] 后来以文字形式流传至今的治家之道、传家之宝，主要来自于一些识文断字的“文化人”的总结归纳。[②] 其中一类是文人著书立说、诗词歌赋、往来书信中对如何治家、教育子孙、处理家国关系的体悟。比如南宋爱国诗人陆游写了一两百首教育孩子的诗歌，通过诗教的方式来传递勤学俭朴、报国忧民的家风。他晚年在病床之上作《病中示儿辈》，希望儿子事事都要以那些恬不知耻的卖国贼为鉴，切不可学他们的样子：“去去生方远，冥冥死即休。狂思攘鬼手，危至服丹头。有剑知谁与，无香可得留。惟应勤孝谨，事事鉴恬侯。”在另一首大家耳熟能详的《示儿》诗中，他说：“死去元知万事空，但悲不见九州同。王师北定中原日，家祭无忘告乃翁！”更是表达了他至死念念不忘“北定中原”、统一祖国的强烈而又深挚的爱国之情。另一类是专门撰写的家规、家训，比如被誉为“古今家训之祖”的南北朝时期颜之推的《颜氏家训》、唐太宗李世民的《帝范》、北宋名臣司马光的《温公家范》、一代理学宗师朱熹的《朱子家礼》、东汉才女班昭的《女诫》、宋人袁采的《袁氏世范》以及清初两代宰相张英、张廷玉父子写的《聪训斋语》《恒产琐言》《澄怀园语》等。

卢朝阳在《传统家风及其当代价值》一文中，对我国传统家风的发展历程进行了总结与归纳，指出先秦时期是中国家风的“发轫期”，秦汉和三国两晋南北朝时期是中国家风的“成长期”，隋唐和宋元时期是中国家风的“蓬勃期”，明清时期是中国家风的“兴盛期”，近现代时期是中国家风的“没落期”，当代是中国家风的“淡化”与“重兴”期。在先秦时代，家风雏形存在于个体家庭，家风以口头训诫活动的家训为主，如周公对长子伯禽、侄子成王的训诫，孔子对孔鲤的庭训等。到三国两晋南北朝

① 柳森:《中国家训家风中的文化传承——胡申生教授在上海炎黄文化研究会的演讲》,《解放日报》2014 年 4 月 19 日。
② 郑好:《家风流变小考》,《广西社会主义学院学报》2016 年第 5 期。

时期，出现了记载家庭教育经验的家训，如诸葛亮的《诫子书》、曹操的《诸儿令》以及被后人称为家风家训之祖的北齐颜之推所作的《颜氏家训》。隋唐和宋元时期，家风家训已涉及家庭生活的各个方面，初步形成家庭教育的理论体系，家风呈现出蓬勃发展的局面。明清两代有关家风家训的作品很多，如明代姚舜牧、孙奇逢、何伦、王夫之、杨继盛、方孝孺、杨慎、傅山、张履祥，清代爱新觉罗・玄烨、汪辉祖、郑板桥、焦循、曾国藩等都有家风家训著作问世。清代后期以来，受西方思想和现代文化的影响，家族传统观念逐渐被看成一种思想和道德的桎梏，家风文化的影响力逐渐减弱，家风开始走向没落。①

二、家风的历史流变

根植于我国传统宗族制度的家风，在历经新文化运动的冲击以后，其建立的基础、表现的形式均发生了重要的变化。新文化运动以 1915 年《新青年》（原名《青年杂志》）的创办为开端，前后历时 8 年，是我国近代历史上一次空前的思想大解放运动。新文化运动动摇了封建思想的统治地位，传统的封建思想受到冲击，民众不再将封建思想视为信仰，国外各种思潮传入，为有别于传统社会家风的形成提供了意识领域的基础。新文化运动之后，中国家风的建立从原有的以儒家文化、中国古代为人处世之道为基础，变成了以中国优秀传统文化、马克思主义、西方教育学为基础；家风的表现形式从以家训、家规、族谱等为主要载体，变成了主要是书信或文稿。其中一类以梁启超、傅雷等著名学者为代表，一类以中国共产党老一辈无产阶级革命家和各个时代的优秀共产党人为代表。②

新文化运动以后，建立在共产主义基础之上的“红色家风”或“革命家风”独树一帜。陈延斌、杨威在其主编的《家国情怀：中华优秀传统家风文化》一书中，就将救亡图存、济世经邦的志士英烈家风与礼贤下士、为政以德的君王帝后家风，教家立范、勤政公廉的名门显宦家风，淳风厚俗、仁德范世的义门世家家风，世魂商才、仁义心路的商界翘楚家风以及

① 卢朝阳：《传统家风及其当代价值》，《湖北职业技术学院学报》2017 年第 3 期。
② 郑好：《家风流变小考》，《广西社会主义学院学报》2016 年第 5 期。

以身示范、睦族善邻的庶族百姓家风一道选入中华民族家风典范的篇目。

20世纪中叶中国走上社会主义道路后，社会结构、社会生活进一步从传统形态向现代形态演变。封建家族及其权威成为历史的陈迹，传统家庭被社会主义新家庭取代，家庭模式日益核心化。随着上述巨变，传统家风的变革进入了新阶段。家庭对个人的束缚进一步被削弱，家长专制正向民主协商过渡，家庭中的封建等级关系不复存在，家庭成员平等相处之风日益兴盛，特别是妇女地位大大提高，男女平等、男女分担家务劳动正在成为许多家庭的新风时尚。同时，更多的妇女走出家庭，从事社会生产活动，并有了社交、婚姻的完全自由。随着家风的进一步变革，社会主义新家风正在兴起。①

改革开放以来，我国的家风文化再次面临新的挑战，发生了新的变化。伴随着经济社会的加速转型和发展，传统家风家教在传承和发展的过程中功能上趋于实用化、地位上趋于微弱化、价值上趋于世俗化，其主要内容和核心内涵的现代流变主要体现在家风传承意识日趋淡化、家风传承方式逐渐被摈弃和家风优良内容渐遭忽视等三个方面。优良家风家教的有效传承，包括“承过来”和“传下去”两个层面。受社会多元价值观的影响，当前一些家庭成员对其家庭的核心价值观的认同度不高，甚至不认同乃至反对中华传统家庭美德在当下的价值。在应试教育的大社会背景下，存在对子女重养轻教、重智轻德的倾向。这种趋势体现出当下一些人对家风传承的认同性不高，家风传承的自发性和自觉性不够，家庭所秉承的德育功能日益弱化。家风的传承，主要通过父母长辈的言传身教和家风家教、家规、家书承继等方式实现。不过，当下核心家庭的年轻父母在言传身教方面存在“重教子，轻自修”的现象，教育方式多训斥、少疏导，存在溺爱、暴力等极端方式。随着社会人口的流动迁移、小家庭结构模式的演变、网络科技的繁荣发达等因素，家族中流传下来的家训、家书、家谱、祠堂、楹联等家风传承方式逐渐被摈弃，家风传承的传统载体在数量上、形式上和影响力上都已走向衰落。此外，传统家风所蕴含的勤俭持家、孝悌治家、诚信兴家等优良内容渐遭忽视，在社会道德领域出现了拜金、浪费、失信

① 王守恩：《传统家风与现代化》，《晋阳学刊》1996年第3期。

等一些突出问题以及“官二代、富二代、星二代”违法犯罪现象等。①

家庭是社会最基本的组织形式，是人生的第一所学校。在传统的小农社会，家风家训是家庭治理的一个重要途径，是维护社会稳定与实现社会治理的一个重要因素。在当今，我们依然要重视家庭建设，思考要树立什么样的家风、制定什么样的家训，才能为家庭留下正确的价值观、财富观和生活方式等。“一家仁，一国兴仁；一家让，一国兴让。”家是最小国，国是千万家。家风正，则社风正，社风正，则国风正。家风的力量是无穷的，面对家风的历史流变，我们需要从丰富的中华优秀传统家风文化中汲取营养，不断借鉴，并在时代的大潮中加以创新和转化，营造社会主义新家风的良好风貌。

① 张旭刚：《中华传统优良家风家教的价值意蕴、现代流变与创新转化》，《内蒙古农业大学学报（社会科学版）》2016 年第 5 期。

第二章　中华优秀传统家风的价值意蕴与时代传承

第一节　中华优秀传统家风的价值意蕴

一、中华优秀传统家风的价值内涵

家风家训是中华文化传承的具体载体，我国传统家风文化是中华民族传统文化的重要组成部分。中华文明的发展路径是家国同构，并以家为本位，家庭本身“承担着化生社会道德规范的功能，即许多社会道德规范要求也是通过移植或延伸家庭道德规则而完成的”①。在以家族血脉为纽带的中国传统社会，家风作为传承伦理道德的重要载体，通过一代代家庭长辈的言传身教和家规家训，潜移默化、润物无声地影响着人们的心灵，在子孙后代的血液中流淌传承。

中华优秀传统家风是中华民族的文化血脉，是中华民族的精神家园。在耕读传家的小农经济社会，家风作为中华传统文化的一部分，深深融汇在国人的传承血脉中。历朝历代的帝王将相、贤人志士、庶民百姓大都非常重视家庭的教化与熏陶，自觉将家风通过各种教化方式渗透到家族成员的价值取向、道德观念和处世态度之中。好的家风，胜过万贯家财。古人云：无瑕之玉可以为国器，孝悌之子可以为家瑞。处事不求金玉富，传家

① 靳义亭：《培育好家风践行社会主义核心价值观研究》，中国社会科学出版社 2015 年版，第 8 页。

唯愿子孙贤。明朝朱柏庐曾留下“一粥一饭，当思来处不易；半丝半缕，恒念物力维艰”的治家格言。清代林则徐留下“子孙若如我，留钱做什么，贤而多财，则损其志；子孙不如我，留钱做什么，愚而多财，益增其过”的治家理念。

受儒家主流价值观的影响，我国传统家风主要以“修、齐、治、平”为价值导向，以“五常”“仁、义、礼、智、信”和“八德”“忠、孝、仁、爱、信、义、和、平”为理论依据，以“整齐门内，提撕子孙”为实践旨归，以“家和万事兴”“天人合一”为理想诉求，以诚实守信、尊老爱幼、宽以待人、勤俭节约、诗书继世、谦虚谨慎和精忠报国等为修身立世的圭臬。

我国传统家风建设的基本内容和内涵主要包括积极践行和倡导的孝悌为本的忠孝之道、诚信做人的为人之道、睦亲勤俭的治家之道、重品崇德的修身之道、蒙以养正的教子之道、公正廉洁的为官之道、亲仁济众的处世之道等。其中所体现的价值理念和道德要求，主要包括人与自身关系的价值理念与规范，如修身为本，勉学治生；人与家庭关系的价值理念与规范，如孝悌为本，宽厚友善；人与社会关系之价值理念与规范，如互助济难，责任担当；人与物关系的价值理念与规范，如节用惜物，不为物役。①

中华优秀传统家风凝聚了中华传统美德的大部分内容，比如在个人修身方面，注重塑造个人志向和提升人格修养；在治家方面，强调“孝亲敬长，睦亲齐家”等，体现了尊老爱幼、妻贤夫安，父慈子孝、兄友弟恭，耕读传家、勤俭持家等家庭美德以及立志勤学、持之以恒、心存善良等人格操守。综合来讲，中华优秀传统家风主要围绕立志、勤学、自律、诚信、勤俭、交友、慈孝、睦邻、清廉、家国等主题，通过孝悌为本、仁爱为先、以俭养德、克己笃行、耕读传家、尚学重教、廉洁奉公、勤政爱民等内容概括，彰显了孝顺、忠诚、廉洁、礼节、俭朴、勤奋、和睦、敦厚、仁爱、公义等价值品格。

---

① 吴潜涛、刘函池：《中华优秀传统家风的主要表征及其当代转换与发展》，《中国高校社会科学》2018 年第 1 期。

二、中华优秀传统家风的文化源泉

中华优秀传统家风的内涵非常丰富，其中主要的价值导向是“修身”“齐家”“治国”。“修身”是指以培育良好品行和人格为主要内容的个人道德教育，主要包括立德、立志、勤学；“齐家”是指以兴家立业为主要内容的家庭道德教育，主要包括遵守家法族规，注重仁爱孝悌、勤俭持家、宽厚谦让、守诚信、以和为贵等；“治国”是指以忠君报国为主要内容的道德理想教育，主要包括爱国报国、清正廉明、重视民本等。

作为我国优秀传统文化中最宝贵、最活跃的精神资源，家国情怀是中华优秀传统家风的文化源泉。数千年来中华民族之所以能历经磨难而浴火重生，根植于中华民族血脉深处、渊源于传统“家国一体”思想的家国情怀起到了至关重要的作用。特别是近代以来，在驱逐外侮、构建现代民族国家的过程中，家国情怀的意义更为突出。

家国情怀是对祖国、对民族、对家乡、对家庭的深厚情感。它源于对家庭、对家乡的爱，而后升华为对祖国、对民族的爱，“是一个人对自己国家和人民所表现出来的深情大爱，是对国家富强、人民幸福所展现出来的理想追求”，“是对自己国家一种高度认同感和归属感、责任感和使命感的体现，是一种深层次的文化心理密码”[①]。

家国情怀的核心是“家”与“国”的相贯通，强调爱家向爱国的纵向提升。家国情怀最早可追溯至西周时期。周武王灭商后，采用分封制来进行家国治理，普天之下成为一个奉周王为“共主”的大宗族，以血缘为主体的宗法关系把“家”与“国”紧密地联系在一起。春秋时期，孔子致力于按周礼重建社会道德规范，创立儒家学派，在西周宗法制家国治理模式的基础上，系统阐释了“家国一体”思想，并使其逐渐成熟。

在“家国同构”为基本特征的古代社会，家国情怀建立在自然情感的基础上，传统士大夫注重“修身、齐家、治国、平天下”，从爱亲敬长到忠于人民、报效祖国，个人、家庭、社会、国家之间形成良性互动，个人已不再仅仅作为个体而独立存在，已超越了单独的个体，具有了整体意义。

① 徐文秀：《多一些家国情怀》，《人民日报》2012 年 1 月 20 日。

相应地，家庭和国家也超越了一家一国的利益，具有了整体和全局的高度。“可以说，个人、社会和国家构成了‘家国天下’道德格局的三个基本要素，同时也是家国情怀的三个表征层面。家国情怀，在个人层面，倡导个体以修己慎独为价值准则，以克己奉公为价值取向，以‘内圣外王’为价值目标；在社会层面，倡导以忠恕之德为价值准则，以先义后利为价值取向，以天下大同为价值目标；在国家层面，倡导以精忠爱国为价值准则，以‘民为邦本’为价值取向，以国富民强为价值目标。”①

家国情怀虽古已有之，但直到近代以后才真正兴起。鸦片战争后，面对国破家亡和民族危机，中华民族开始自省和奋起，家国情怀思潮应运而生。随着时代的变迁，家国情怀的内涵与形式发生了重要的变化。在古代，家国情怀突出表现为“天下兴亡，匹夫有责”；在近代，家国情怀突出表现为反抗列强，构建现代民族国家；在当代，家国情怀则有了中国特色社会主义制度下新的内涵，“当代‘家国情怀’就是我们今天的‘中国梦’，‘中国梦’是‘家梦’和‘国梦’的统一，它是每个人的梦，是中国人‘家国情怀’在当代最鲜明的体现”②。

家国情怀是我国优秀传统文化的一部分，也是立德树人的一个层面。2014 年 3 月 26 日，教育部印发《完善中华优秀传统文化教育指导纲要》，明确指出要开展以天下兴亡、匹夫有责为重点的家国情怀教育，着力引导青少年学生深刻认识中国梦是每个人的梦，以祖国的繁荣为最大的光荣，以国家的衰落为最大的耻辱，增强国家认同，培养爱国情感，树立民族自信，形成为实现中华民族伟大复兴的中国梦而不懈努力的共同理想追求，做有自信、懂自尊、能自强的中国人。

① 陈延斌、杨威:《家国情怀: 中华优秀传统家风文化》, 中国方正出版社 2018 年版, 第 9 页。
② 李建、傅永聚:《儒家“仁礼合一”传统与中华优秀传统文化教育》,《齐鲁学刊》2015 年第 4 期。

第二节　中华优秀传统家风的时代传承

一、中华优秀传统家风与社会主义核心价值观

社会主义核心价值观是当今社会居于统领地位、起主导作用的价值观。它在国家层面倡导“富强、民主、文明、和谐”，在社会层面倡导“自由、平等、公正、法治”，在个人层面倡导“爱国、敬业、诚信、友善”。

社会主义核心价值观虽然包括国家、社会以及公民三个层次，但它们之间并不是完全隔离的，而是彼此支持、相互渗透。“富强、民主、文明、和谐”作为国家层面的价值目标，既是现代化国家理想状态的价值诠释，也是当代家庭理想发展状态的生动表达。国家“富强”为人民的幸福安康保驾护航，家庭“富强”则为家庭成员的全面发展奠定基础；国家“民主”可以充分保障人民当家做主的权利，家庭“民主”则可以促进家庭成员之间的相互尊重、理解和支持，为家庭的和谐发展提供持久的动力；国家“文明”不仅有益于自身发展，还可以增进我国与世界其他国家的友好往来，家庭“文明”则有助于与邻里和谐相处，营造良好的社会风气；国家“和谐”为国家各项事业的发展提供稳定的环境，家庭“和谐”则为优良家风筑牢根基。总而言之，国好，家才能好；千家万户都好，国家才能兴盛。

在社会主义核心价值观的培育和践行过程中，个人层面的价值取向中如果缺少诸如“爱国”“敬业”“诚信”“友善”这样的道德价值理念，那么“自由”“平等”“公正”“法治”等良好的社会风气就难以形成，国家则不能实现“富强”“民主”“文明”“和谐”的理想价值追求。社会的整体价值观通过无数个体的实践表现出来，而每个时代的价值观教育都将最终落实到个人，培育出符合社会需要的公民。因此，社会主义核心价值观只有植根于人民，扎根于时代，落实于千千万万个家庭的具体行动中，转化为人民大众普遍遵循和敬畏的家国情怀，才能真正成为引领整个社会的道德风尚。

（一）中华优秀传统家风是涵养社会主义核心价值观的重要源泉

中华优秀传统家风是在传统的小农经济、集权政治、儒家伦理的社会中保存下来的道德智慧和价值准则，具有兼顾国家、社会、个人共同发展的特征，主张“修身、齐家、治国、平天下”，形成了“把对个人、社会的教化同对国家的治理结合起来，达到相辅相成、相互促进的目的”的良好传统。它与社会主义核心价值观具有内在的一致性与契合性。从个人层面而言，社会主义核心价值观契合传统家风文化倡导的“仁义礼智信”；从社会层面而言，社会主义核心价值观契合传统文化中的公平、正义与法治的文明思想；从国家层面而言，社会主义核心价值观包含了对传统家风文化中关于家国情怀的深切表达。中华优秀传统家风是涵养社会主义核心价值观的重要源泉，蕴含着社会主义核心价值观的大部分内容。如国家层面的和谐，优秀传统家风强调在小家内部之和谐以及“大家”层面的“天人合一”；在个人层面，“勇”“正”“公”等是爱国的体现，“不二”“真”“诚”等是诚信的体现，“敬”“谨”“谦”等是友善的体现。“爱国”是爱家的延伸，“孝”是“忠”的根本，“忠”是“孝”的延展。“敬业”是“勤”的延伸与发展，“诚信”是“诚”“信”的延伸，“友善”是“仁爱”的延伸。

习近平总书记曾指出：“一种价值观要真正发挥作用，必须融入社会生活，让人们在实践中感知它、领悟它。要注意把我们所提倡的与人们日常生活紧密联系起来，在落细、落小、落实上下功夫。”家风家教是社会最基础、最直接、最有效的德育教化方式，从家风家训家教的角度切入，是把社会主义核心价值观同日常生活联系起来，使之落细、落小、落实的一种有效途径，是培育和践行社会主义核心价值观的微观体现。

中华优秀传统家风虽然不能涵盖社会主义核心价值观的全部内涵，但它是人们价值观形成和精神成长的重要起点，是在家庭中培育和践行社会主义核心价值观必须依托的文化土壤和重要载体，对引导人们培育和践行社会主义核心价值观具有最基础、最根本的作用。“社会主义核心价值观的培育和弘扬不可能完全另起炉灶，也不是平地盖高楼，不能割断中华民族的精神血脉和文化根基，必须与中华优秀传统文化相衔接。”[①] 通过挖掘中华传统家风中的积极因素，明晰家风功能的现代化转变，立足当代好家风建设，打通社会主义核心价值观和中华优秀传统家风的衔接血脉，重在充实和滋养，在两者的关联中用优秀传统家风所倡导的价值追求、价值准则、价值目标等涵养社会主义核心价值观，真正把社会主义核心价值观植根于我们每个家庭的日常生活之中，不断内化于心、外化于行。

（二）对中华优秀传统家风进行传承和创新是培育社会主义核心价值观的重要途径

当代好家风是衔接社会主义核心价值观和中华优秀传统文化的纽带。对中华优秀传统家风进行传承，建设当代好家风是联结传统优良家风与社会主义核心价值观建设的关键环节。好家风建设是社会主义核心价值观落细落小落实的生动载体，好家风的传承也有利于社会主义核心价值观的传承和弘扬。

家风建设是培育和践行社会主义核心价值观的重要载体，社会主义核心价值观又对家风建设起着价值引领的作用。对于传统家风中有利于现代家庭及社会建设的内容，例如守信、睦邻、戒游惰、禁嫖赌、爱国报国等，我们应当加以继承和发扬。对于“重男轻女”“婚姻买办”“门第偏见”“愚忠愚孝”等封建落后的不良思想，我们则要予以摈弃。社会主义核心价值观取的是中华传统家风家训价值取向的最大公约数，摒弃了我国传统家风文化中强调君权、父权与夫权的弊端，与我国优秀的传统家风文化相互映照，如在国家层面的倡导是对传统家训中家国情怀的时代表达；在社会层面的倡导与传统家风文化中的公平、正义和法治思想具有一定契合性；在个人层面的倡导与仁义礼智信等思想相互映照。社会主义核心价值观在中国特色社会主义伟大实践中形成与发展，依据时代的发展要求和价值追求，对传统家风家训进行观念革新，推动了家风文化向着自由、平等、民主、和谐的方向发展，对家风文化建设发挥着精神引领的作用。

对当代优秀家风的培育不仅仅是对传统家风的扬弃过程，同时更是将

① 肖贵清：《中华优秀传统文化与社会主义核心价值观的内在联系》，《南京师大学报（社会科学版）》2015 年第 6 期。

其与当代的时代精神相结合，实现创造性转化和创新性发展的过程。根植于家国同构、修齐治平传统家风思想的“忠君爱国”，需要转化为新时期的爱国主义理念，是爱祖国与爱社会主义的统一，实现家国情怀的升华。在当代中国，爱国与爱党、爱社会主义是统一的。习近平总书记在中共中央政治局第二十九次集体学习时强调：“中国共产党是爱国主义精神最坚定的弘扬者和实践者，始终把实现中华民族伟大复兴作为自己的历史使命”，“我国爱国主义始终围绕着实现民族富强、人民幸福而发展，最终汇流于中国特色社会主义”。传统家风中以恭敬奉从、清廉为官为特征的“敬业”，虽然闪烁着民本思想的光亮火花，但也隐蕴着一定的效忠朝廷的色彩。今天的敬业，更多地体现在为民服务和忠于职守。此外，传统家风中“诚信”“友善”等理念都需要随着社会主义市场经济、全面依法治国的新型社会关系的发展而被赋予新的时代内容。

在新的历史条件下，要以社会主义核心价值观为引领，加快传统家风的现代转化，探寻出根植于优秀传统家风文化、符合中国国情、体现时代思想道德诉求和价值导向的新型家风、家文化，促进当代新型优秀家风的茁壮成长，熔铸成家庭、国家和民族奋发向上的正能量，从而实现与社会主义核心价值观的耦合，促进社会主义核心价值观的发展。

二、中华优秀传统家风的传承路径

家族训诫与家风传承，是中国社会特有的历史和文化现象，是中华优秀传统文化的精华。对社会而言，家风家训是凝心聚力、价值传承的重要载体；对家族而言，家风家训是延续家运、防范衰败的有效保障；对个人而言，家风家训是安身立命、修德润身的人文底蕴。

传承性是家风育人最显著的特征，也是家风育人有别于其他育人方式的显著优势。因为家风的传承性，弘扬好家风、构建好家风显得尤为重要。传统家风文化作为中华民族传统文化的重要组成部分，包含了诸多积极向上、具有时代价值的内涵观念，但也存在不少的糟粕。在继承传统、培育时代家风的过程中，要坚持古为今用、批判继承、取优汰劣、承故拓新的原则。优秀家风传承不仅是对优秀传统文化的传承，还应与时俱进，赋予传统家风新的时代精神、时代内涵，立足时代语境塑造优秀家风，使之与社会主义核心价值观相承接。只有在好家风的支撑下，一个家庭才能有稳固的精神支柱，并且在代际传承中持续规范和约束家庭成员的行为，使家道昌盛，进而营造出好的社风、政风和国风。

对中华优秀传统家风进行传承和创新，建设当代好家风，首先需要挖掘、整理中华优秀传统家风的相关资料和成果，并通过电视、网络、书籍等各种形式进行传播和弘扬，其中对名人名家优秀家风家训资料的整理与弘扬尤为重要。当前，在以优秀传统家风促进核心价值观发展的进程中，有必要以社会主义核心价值观的价值引领为主线，对地方名人名家优秀传统家风进行归纳与梳理。在我国传统社会，世家大族、名人志士的家风家训往往是围绕儒家所倡导的核心价值观展开的，其中多是教人和睦向善、诚信处世、勤劳节俭等。此外，我国老一辈革命家的革命传统家教家风，也为我们留下了宝贵的精神财富，体现了不搞特权、清廉自守、生活俭朴、严格要求子女的良好家风。通过对名人名家、贤人志士等榜样家庭优良家风的宣扬，可以增强社会民众的认同感和熟识度，进而有利于助推社会主义核心价值观的大众化。“世家大族家风的社会化过程是人们对其家族成员的行为耳濡目染、口耳相传再到潜移默化的过程。这一过程与当下社会主义核心价值观大众化的过程具有高度的相似性。在古代社会，世家大族的家风内在地包含了遵守封建传统礼法秩序的内容，家族成员成为早期‘家国同构’观念的实践者和推广者，为维护当时的社会道德秩序打下了坚实的基础。而世家大族家风在当时能够顺利社会化的一个重要原因就是‘接地气’‘顺民心’。”①

对中华优秀传统家风进行传承和创新，建设当代好家风，还要从普通家庭中汲取优秀家风成长的营养，促进优秀传统家风的创造性转化和创新性发展。千千万万普通群众各有自己的家风传承，各有形式不同的家教经验，应该注意征集、挖掘和提炼，将其可学可鉴的心得精华和积极价值取向，与社会主义核心价值观相对接，在树立好家规、讲好家庭美德故事、营造优良家风中融入社会主义核心价值观，促进广大民众接受、认同和身

① 霍垒杰、王立荣：《中华家风的历史嬗变及其现代启示》，《重庆第二师范学院学报》2018 年第 2 期。

体力行。

对中华优秀传统家风进行传承和创新，建设当代好家风，是一个复杂的过程，需要家庭、学校、社会、新闻媒体、政府等多方面的努力。家庭是优良家风培育的主阵地，营造良好的家庭氛围是培育优良家风最直接、最重要的途径之一，要发挥家庭在家风文化传承中的主体作用。学校教育因其系统性、计划性和目的性等特性对于一个人的思想品德、行为规范具有矫正和塑造的作用。学校教育的出发点和落脚点都是培养孩子健全的人格和提升道德修养，使其成为社会所需要的人，这与家风教育是相契合的。优良家风的培育与构建还需借助社会、新闻媒体、政府等各方面的宣传、引领与带动，发挥它们在家风传承中的导向作用。

第三节　浙江名人家风的价值解析

一、家风文化：浙江名人文化与精神的瑰宝

浙江素有“鱼米之乡、丝茶之府、文物之邦、人文渊薮”的盛誉，在历史的长河中，浙江涌现出了一大批在浙江历史乃至中国历史上占有一席之地的各业名人，如陆游、于谦、龚自珍、章太炎、蔡元培、沈钧儒、王国维、秋瑾、鲁迅、钱玄同、竺可桢、茅盾、周恩来、张静江、章乃器、严济慈、童第周、苏步青、钱学森、邵逸夫、包玉刚、吴晗、南怀瑾、金庸、宗庆后、马云等。这些耀眼的名字在不同的领域发挥了举足轻重的作用，灿若群星的浙江名人给我们留下了什么？他们的文化和精神对我们又有哪些激励和启示?

广义的文化包括了人类在改造自然和改造社会的过程中所创造的物质财富和精神财富的总和，由此我们认为名人文化可以分为物质文化和精神文化两个方面。物质文化主要包括历代名人在各领域的成就业绩、学术著作、文物古迹等；精神文化主要包括名人的人格精神、学术思想、家风

文化等。而名人精神可以描述为时代背景下某种思想品德的具体体现。浙江名人文化资源博大精深，其中浙江名人的家风文化作为一种独特的文化资源，在我国社会主义精神文明的建设过程中具有举足轻重的地位，无疑是值得我们关注与研究的一大瑰宝。

（一）荡气回肠、引人起敬的爱国主义精神

浙江名人中体现爱国主义精神的资源要素非常多，如明朝爱国将领于谦、南宋爱国诗人陆游、当代爱国科学家钱学森等等，其中有抵御外侮、反击侵略者，有渴望故土恢复、祖国早日统一者，有冲破重重阻力毅然回国、倾其所学报效祖国者，爱国的表现虽然不尽相同，但爱国之心爱国之行令人起敬。

（二）坚持不懈、科学坚定的理想信念

理想信念是人的灵魂，是前进的动力，是人们思想和行为的“总开关”。理想信念愈远大，人的精神力量就愈强大；理想信念愈坚定，人的革命意志就愈坚强。古今中外许许多多的浙江名人都让我们深切感知到理想信念的重要性，如鉴湖女侠秋瑾、风云浙商马云等等。

（三）大美无言的道德力量

除了在各领域做出突出贡献，在浙江历史乃至中国历史上发挥了重要作用的浙江名人外，还有一批“普普通通”的浙江名人——浙江“最美人物”，如最美妈妈吴菊萍、最美司机吴斌、最美爸爸黄小荣、最美交警吴连表等等。这些有血有肉的身边好人在当下的“陌生人社会”中坚守了核心价值观，召唤我们见贤思齐、择善而从，其所彰显的道德力量是对传统美德以及职业道德做出的最好诠释。

（四）独具魅力的人格精神

人格精神是德才兼备、超乎寻常人的道德修为，是人本身投射到社会最主要的思想渗透到行为中的集中体现。《论语・雍也》中曰：“君子博学于文，约之以礼。”蔡元培就因其高尚的人格精神被毛泽东赞颂为“学

界泰斗，人世楷模”；再如饱含大爱情怀的“爱国、奉献、求真、创新”的“钱学森精神”等。

（五）创新意识与批判精神

当下，我们正处于实现中华民族伟大复兴中国梦的伟大征程，维持我国经济持续上升的唯一办法就是科技创新，而这需要培养社会民众的批判性思维与创新思维。现代浙商人物如宗庆后、马云等在风起云涌的商业大潮中能够始终雄踞行业前列，其在企业发展中所坚持与秉承的创新意识与创新理念无疑给我们以启迪。

（六）泽被后世、德荫子孙的家风文化

家风文化是中华传统文化的重要组成部分，其中名人的家风文化更是我国优秀传统文化的积淀和代表，对普通大众起着尤为强烈的激励与带动作用，更易于激发他们的阅读兴趣，并被学习和效仿。家风家教是家庭、社会与国家最基础、最直接、最有效的德育教化方式，是培育和践行社会主义核心价值观的微观体现。研究和宣扬名人家风文化是弘扬和践行社会主义核心价值观的重要途径和有力手段，从而为社会主义精神文明的构建与社会主义核心价值观的践行奠定有效的群众基础。

二、浙江名人家风家训的价值概述

家风家训在浙江的历史源远流长。浙江名人名家的家风家训卷帙浩繁，内容丰富，其中既有与时代相违的封建糟粕，更有可以为时代所借鉴的价值财富。浙江的家训遗存，大致分为三个类型：一是世家大族、官宦门第的家训，如吴越王钱镠钱氏家族的钱氏家训；二是耕读传家、书香门第的知识分子的家训，如明末大儒刘宗周所编《水澄刘氏家谱》；三是普通家族、家庭经由族谱或庭训传承下来的家训，如浦江郑义门《郑氏规范》。

本书对浙江名人的选取，主要根据浙江文化发展的几个历史高峰时期（如上古时代、南北宋时期、明清时期）以及臣民性—平民性—人民性的历史脉络，其中既有世代居住在浙江的名人名家，也有曾在浙江做官定居，

其高尚遗风传承至今的名人名家，还包括祖籍浙江的名人名家。对浙江名人家风家训的选取，主要立足修身立德、治家教子、爱国报国、敬业勤业、诚信友善等内容，着重对其中包含的与自我的关系、与家庭的关系、与国家的关系、与职业的关系以及与他人的关系所涉及的调适原则与价值元素进行提炼与概括。如在处理与自我关系时，追求修身修己、择善而从；在处理与家庭的关系时，强调兴其家必先治其家；在处理与国家的关系时，倡导天下兴亡，匹夫有责；在处理与职业的关系时，践行业精于勤而荒于嬉；在处理与他人的关系时，提倡诚而信之，德而善之。

从浙江名人家风文化中所提炼出的价值精髓，与当今社会所倡导的个人层面“爱国、敬业、诚信、友善”的社会主义核心价值观相契相合，是值得我们研究与学习的弥足珍贵的精神瑰宝。对蕴含修身立德、治家教子、爱国报国、敬业勤业、诚信友善等主题的浙江名人家风文化的研究，有助于人们在当今时代对中华优秀传统家风进行传承、创新与弘扬，有助于社会主义核心价值观在千万家庭的生根落地。

第三章　内塑自我：修身立德在浙江名人家风中的彰显

讲究情操修养，历来是中华民族的优良传统。修身立德是做人之本，立业之基，为政之要。“国无德不兴，人无德不立”“人可一生不仕，不可一日无德”“自天子以至于庶人，壹是皆以修身为本”，中华传统文化深刻揭示了“修身立德是做人根本”。在中国几千年的文化传统中，修身一直作为培养人才的首要条件。关于修身的经典名句数不胜数，最有名的当数《礼记·大学》中的“古之欲明明德于天下者，先治其国；欲治其国者，先齐其家；欲齐其家者，先修其身；欲修其身者，先正其心；欲正其心者，先诚其意；欲诚其意者，先致其知。致知在格物”。

道德是修身的根本，欲立身，先立品，人无德不立，人无品不立，做人首先要把道德、品德放在第一位。习近平总书记非常重视崇德修身的作用，他指出：“道德之于个人、之于社会，都具有基础性意义，做人做事第一位的是崇德修身。”修身，指的是陶冶、锤炼自身的道德品质，努力提高自身的品德修养。修身的具体行为表现在日常生活中就是择善而从，博学于文，并约之以礼。

修身着重强调的是与自我之间的关系。“凡事求诸己”“正人先正己”，讲的就是首先要从自己身上来找原因，要对自己严格要求，提高自我修养。修身的本质是一个长期与自己的恶习和薄弱意志做斗争的过程，时时检束自己的身心言行，用诚心、仁爱、谦卑的情操来去除思想中的杂质，对抗那些令我们轻浮、骄傲、自大、邪僻的外因、内因。

当今社会，受各种思潮的影响，存在着一些不良风气和诱惑，有些人尽情享受着现代社会带给人的便利，追求个性张扬之美。如果不讲修身养性，没有高尚的审美情趣，就可能管不住自己，被声色犬马所诱惑而迷失方向，人格和品质就可能滑向无底的深渊。社会上曾经出现的拜金主义、享乐主义、个人主义等腐朽思想，其实就是修身思想被颠覆的结果。在这些不良思潮和诱惑面前，我们要想免于误入歧途、遭受损害，就需要不断地进行自我反省与体察，不断地与自己的不良恶习和薄弱意志做斗争，做到慎独、慎微、慎欲。

浙江名人的家风文化中蕴含着丰富的修身修己的智慧与宝藏。南宋大儒朱熹留下“勿损人而利己，勿妒贤而嫉能。勿称忿而报横逆，勿非礼而害物命。见不义之财勿取，遇合理之事则从”的家训。“读书种子”方孝孺的“虚己者，进德之基”、心学集大成者王阳明的“致良知”、民主革命家章太炎的“凡人总以立身为贵”以及爱国民主人士沈钧儒的“以石为伴，淡泊名利”都为我们提供了宝贵的家风家训营养。

第一节　见不义之财勿取

一、朱熹与《朱子家训》

（一）朱熹小传

朱熹（1130—1200），字元晦，号晦庵，南宋时期著名的哲学家、教育家、文学家，理学集大成者，对中国文化的贡献，厥功至伟，被世人尊称为朱子。

朱熹的著述甚多，有《四书章句集注》《太极图说解》《通书解说》《周易读本》《楚辞集注》，后人辑有《朱子大全》《朱子集语象》等。他的理学思想对元、明、清三朝影响很大，成为三朝的官方哲学，他被誉为中国教育史上继孔子后的又一人。其中《四书章句集注》成为元、明、清三朝钦定的教科书和科举考试的标准。

朱熹在历史上的地位极高。比如康熙四十四年（1705），康熙赐朱熹“大儒世泽”四个字，康熙五十一年（1712），康熙下诏升朱熹入大成殿，位列“十哲之次”，朱熹也是唯一一个不是孔子亲传弟子而能享祀孔庙的人。自文庙创设以来，在汉代以后的儒者中，朱熹是唯一进入孔庙的大儒。

朱熹与浙江的关系十分密切。他曾多次到南宋都城临安（今浙江杭州），出入朝堂，为国家大计出谋划策。此外，他还曾几次到台州做官，讲学授徒，培养了不少浙江籍的弟子。在浙江，与朱熹关系最为密切的当数湖州。朱熹本人曾经两次亲临湖州，时间虽然不长，但是他的讲学、问理以及长春书院的建立，对湖州产生了一定的社会影响，更重要的是开启了他的子孙与湖州关系的历史新篇章，其后裔与湖州关系进一步密切，并逐渐在湖州生息繁衍。从朱熹从祖到朱熹曾孙朱潜一代，已有六代人在湖州寓居、仕宦和潜修。朱潜因看不惯当时朝局与元政府主和，于是愤而东渡高丽。之后，留在湖州的朱潜儿孙在湖州生儿育女，其子孙分布在浙江各地，其中湖州尤为集中，形成了紫阳朱氏湖州一派。

（二）《朱子家训》及精选

勿损人而利己，勿妒贤而嫉能。勿称忿而报横逆，勿非礼而害物命。见不义之财勿取，遇合理之事则从。

——朱熹《朱子家训》

朱熹是一代大儒、理学宗师，同样他的治家也严谨有方，晚年他留给后世子孙一篇著名家训——《朱子家训》。朱熹把儒学精华和自身的教育思想融入家规家训之中，对朱子后裔影响深远。全文短短三百余字，讲述了个人在家庭和社会中应该承担的责任和义务，精辟阐明了修身立德治家之道。

《朱子家训》是治家理论的总纲，后世多有所发挥与阐述。如明末清初朱氏后裔朱柏庐便在《朱子家训》的基础上，写出了《朱柏庐治家格言》。

朱熹为训导子弟还曾编订一本《童蒙须知》（又名《训学斋规》），从穿衣饮食、说话走路、读书写字等方面教育子弟，要求他们从小就要在生活和学习方面养成良好习惯。这本书后来成为重要的蒙学课本之一，深受后人推重，里面的一些名言名句如“余尝谓读书有‘三到’，谓心到、眼到、口到”等广为流传。

此外，朱熹送长子朱塾去婺州（今浙江金华）求学时，还曾写过一封家书《训子从学帖》（又名《与长子受之》），他在家书中语重心长地教育朱塾勤学习、交益友。

二、朱熹的“君子爱财，取之有道”

朱熹一生淡泊名利，安守清贫，不取不义之财。他办了很多书院，却没有为自己置办任何产业，也没有为家人谋取任何私利。据史料记载，朱熹晚年，生活比较清贫，“其斋舍无以避风雨”。即使在这样的困境中，朱熹对他人惠赠的财物，只要是于法有碍，一概以礼谢绝，绝不收受。

朱熹有一个关系比较好的官员朋友赵汝愚。有一次，赵汝愚想利用官家的东西为朱熹建造房屋，但朱熹拒绝了，他对赵汝愚说：“这是我自己家的房屋，就不劳烦官家了，要不我心里会不安的。”赵汝愚坚持再三，但是朱熹决不接受赵汝愚的帮助。与此同时，只要不违反法理，对于朋友寄来的东西朱熹则会欣然接受。当时，有一个叫陈亮的人，他的学术观点与朱熹的观点分歧很大，但是陈亮经常会给朱熹寄些东西，比如一些好吃的果子、上等的茶叶、高档的丝织品等等，对于这些，朱熹则完全接受。朱熹把学术问题和私人情感区分开来，展现了大家君子的风范，也践行了他所讲的“朋友若以钱相惠，不害道理者可受”。

朱熹秉承原则，“君子爱财，取之有道”，面对贫困他展现了乐观精神。有一次，朱熹到女儿朱兑家中寻找女婿黄榦，但女婿不在家，只有女儿一个人在家。女儿看到父亲来了，心中自然十分高兴，把父亲让进屋中，父女二人闲聊几句，不知不觉到了晌午吃饭的时间。于是朱兑便到厨房里忙活，想着要为父亲做点好菜吃。但是掀开自己家的米缸发现没有多少米，再看看也没有什么菜，真是“巧妇难为无米之炊”，心中顿时感到很失落和伤心。最后，朱兑只能用家里仅有的食材做了一碗葱汤麦饭，带着愧疚之情，将饭端到桌上让父亲吃。她坐在朱熹的面前，一直不敢抬头看父亲，感觉非常对不起父亲。

可是朱熹面对这顿粗茶淡饭却吃得格外香甜。他看出女儿的伤心和愧疚，哈哈大笑起来。他对女儿说："孩子，你完全没有必要这个样子！依照现在的世道，我们能有这样的饭已经相当不错了，你不必伤心。"吃完后，他还写了一首诗安慰女儿："葱汤麦饭两相宜，葱补丹田麦疗饥。莫道此中滋味薄，前村还有未炊人。"意思很简单，说这葱汤麦饭太可口了，只要能够吃饱，我就很满足了，你要想到还有很多人连饭都吃不饱呢。后来女婿黄榦将朱熹的这首诗作为黄家家训流传下去。

第二节 虚己者，进德之基

一、方孝孺及其家风家训

方孝孺（1357—1402），字希直，又字希古，号逊志，其书斋名正学，故世人亦称之为正学先生，浙江宁海人。明初大儒，曾被誉为"程朱复出""读书种子""当世文章第一人""有明之学祖"。

方孝孺的政论文、史论、散文、诗歌俱佳，绝大部分收集在《逊志斋集》中，其文章醇深雄迈，每一篇出，海内争相传诵。他还是一位不可多得的谱牒学家，认为编修家谱不但可以和睦宗族，而且可以移风易俗，净化社会风气。

方孝孺师从明初文坛魁首、被刘基推许为文章天下第一的宋濂，是宋氏得意门生，其文章、学问为诸弟子之冠，深受器重。明太祖朱元璋欣赏其人品学问，但由于方孝孺力主施行仁政，先德化而后政刑，与其心意不合，所以并没有重用方孝孺，只是期待他日后能够辅佐子孙，以厚礼将其遣回乡。洪武二十五年（1392），授汉中府学教授，深为蜀献王赏识，聘为世子师。洪武三十一年（1398），朱允炆（建文帝）继位，召孝孺入京，任翰林侍讲。次年，到文渊阁任职，帝以师礼尊之，读书有疑，即召讲解，凡国家大事，常命孝孺就御座前批答。建文元年（1399），燕王朱棣发动争夺皇位的战争。惠帝廷议讨伐，诏檄也都出于方孝孺之手。朱棣夺得皇位后命他起草诏书，他却写了“燕贼篡位”四字，于是被诛十族，时年46岁。

方孝孺有专门的家训著作《家人箴》传世。方孝孺虽然被令灭族，但在仁人志士的帮助下其三子和四子都幸免于难。时至今日，方孝孺后人有方姓、六姓、何姓、才姓、余姓、亢姓等姓氏。方氏的《家人箴》，在历史上培养了无数名人志士、英雄豪杰。方孝孺的父亲方克勤也是位正直的清官，官至济宁知府，后遭诬被捕入狱，并含冤死于京师。“贫贱而不可无者，节也贞也；富贵而不可有者，意气之盈也。”出自《家人箴》的这句家训完美地诠释了方孝孺刚正不阿的品格。

此外，方孝孺的家风精神可以用“畏惧”二字来概括。“凡善怕者，必身有所正，言有所规，行有所止，偶有逾矩，亦不出大格。”这段话告诉我们人须有敬畏之心，人在世间，必然要心中有所畏惧，如此方能控制自己的言行，即便偶尔犯错误，也不会闯下大祸，反之，那些“天不怕地不怕”的人，就很可能什么坏事都敢做了。

二、方孝孺谦虚品格的表达与呈现

在方孝孺的《侯城杂诫》中，有这样一段话：“人之不幸，莫过于自足。恒若不足，故足；自以为足，故不足。瓮盎易盈，以其狭而拒也；江海之深，以其虚而受也。虚己者，进德之基。”意思是指一个人最大的不幸，就是自以为满足。常常自以为不足，所以他充实；而自以为满足，所以他不足。陶瓮瓦罐容易满，因为它狭小而不能接纳更多的东西；江河大海水很深，是因为它宽广并能接受各种细小的水流。虚心克己，是增进德行的基础。

方孝孺不仅有“虚己者，进德之基”的精彩表述，更是时时刻刻将这一美德内化于日常生活之中。方孝孺跟随“开国文臣之首”的翰林学士宋濂学习时，在宋濂门下学习的人还有很多，有一些还是很有名望的人，但是在学术上没有一个比得上方孝孺。宋濂也很喜欢这个学生，称赞方孝孺是百鸟中的一只凤凰，认为他才思敏捷、端庄凝重，以后所取得的成就必然会超过自己。即使方孝孺有如此出众的才华，得到老师宋濂的如此赞誉，他也没有恃才傲物，目中无人。相反他为人十分谦虚，每每谈及自己的学识、品德，就认为自己比不上古圣先贤，他认为只有虚怀若谷、广师博学才能最终有所成。其实方孝孺这种谦虚的品德在其年少时就已显露出来。

方孝孺幼年时就很聪明，五岁就能作诗，十几岁已很擅长做文章，下笔千言立就，乡人都称他为“小韩子”，将他比作唐代的韩愈。小时候，有一次方孝孺同一个老书生一起去逛闹市，回家后，家里人让他说说所见所闻，他却觉得说不出来。他虽然玩得很开心，但是在闹市里看到了什么好玩的，听到了什么有趣的，都想不起来了。他赶紧跑去问那位与他同去的老书生，没想到同游的老书生把闹市中的一切都讲得清清楚楚，连一些细枝末节都记住了。方孝孺对此十分惊讶，觉得老书生大大超过自己，便虚心地向他请教，老书生说：“心之为物，静则明，动则眩。”意思是说凡做事都要用心，如果心能静下来，看事物就会更清楚，才能把事情做好；而如果心不静、杂念纷飞的话，就会被事物迷惑，看不清事实。看他迷惑的眼神，老书生就问他：“你看到豪华的车马，有没有想要乘坐的心？你看到和听到让你开心的东西，有没有想要得到的心？”小孝孺点点头，又摇摇头，似懂非懂。老书生继续开导说：“人若没有欲望，就会把金银财宝看作没用的石头，把豪华的车马看作杂草，把好听的音乐当作青蛙的叫声，这样，无论身处何地心都会安静下来。”方孝孺明白了老书生的话，并深深地记在心里，暗暗地下决心要达到和老书生一样的境界。于是他足不出户，静心读书学习，经过三年的“养心”，他的心已经能和老书生说的一样了。

青年时期的方孝孺也同样的谦逊好学，对人礼敬有加。他所交的朋友有很多在才学或者品德上都不如他，但他并没有认为自己强过他们，反而会看到朋友身上的优点，经常反思自己有哪些做得不如朋友，即使遇到心气很高的人也能谦恭有礼，和他交朋友。方孝孺有一个叫林右的朋友，就是一个心气很高的人。当时的名儒徐一夔看到林右写的文章，想把他收入自己的门下，但被林右婉言谢绝了。方孝孺却成为林右非常要好的朋友，并称“我的朋友很多，但林右是我尤其敬重的人”，由此可见方孝孺待人接物是何等的恭敬谦逊。

方孝孺在治学方面也同样谦虚，他反对学者满足于一己之知，以己为牢，他说“人之患莫过于自高，莫甚于自狭”，并以孔子为例，说：“以孔子这样上等的天资，尚且要学习《诗》《书》《易》《礼》，到了老年都不敢懈怠，曾求教于老子、师襄、郯子、司掌太庙之人等等，于人无所不问。”圣贤之所以高出众人，正是因为“不自以为圣贤”而广师广学。

第三节　此心光明，亦复何言

一、王阳明与《示宪儿》

王阳明（1472—1529），幼名云，5岁时改为守仁，字伯安，浙江余姚人，心学之集大成者。曾筑室于会稽山阳明洞，自号阳明子，人称阳明先生。明代著名哲学家、思想家、教育家和军事家。历任刑部主事、贵州龙场驿丞、庐陵知县、右佥都御史、南赣巡抚、两广总督等职，晚年官至南京兵部尚书、都察院左都御史。因平定“宸濠之乱”而被封为新建伯，是明朝第二个因军功封爵的文官。有《王文成公全书》传世。

王阳明的先祖中，有不少名臣贤士，如二十四孝中“王祥卧冰”的主人公王祥。祖先高洁的品行对王阳明产生了一定的影响，尤其是祖父和父亲的亲自教养，对他的影响最为明显。据传，王阳明少时曾沉迷于象棋，父亲龙山公震怒，训斥道：“吾家世以读书显，安用是为。”将棋子全都扔进了河里。小阳明还特意为此作诗一首：“象棋终日乐悠悠，苦被严亲一旦丢。兵卒坠河皆不救，将军溺水一齐休。”

王阳明一生坎坷，历经磨难，但崇德尚义，文韬武略，在学术上光明独耀，事功上波澜壮阔，成就卓著。尤其是他创立的“心学”体系，在明以后思想界占有重要地位，影响深远，他也因此与儒学创始人孔子、儒学集大成者孟子、理学集大成者朱熹，并称为“孔孟朱王”。王阳明擅长作诗与书法，同时又是讨伐各地叛贼、建立大功的武将，被誉为左手持书、右手抚剑的儒学家、大豪杰。王阳明堪称学界巨擘、“百世之师”，其学术流传至今。清代名士王士祯称赞王阳明“立德、立功、立言，皆居绝顶”，为“明第一流人物”。王阳明临终前留下了“此心光明，亦复何言”的遗言。这八个字，可以说是王阳明一生的概括，也是他对世人的最后教诲。

王阳明坚持“以良知教子孙，以知行传家规”。在他的儿子正宪11岁时，他写下了著名的家书《示宪儿》，希望正宪读书学礼，重德修身，从“心地”开始，以德行着手，最终成为“良士”。

由于长年在西南边疆为官、征战，家书成为王阳明开展家族教育的主要途径，现存《王阳明全集》收录了王阳明给兄弟、子女以及晚辈们的大量书信，字里行间，融入了他对整个家族的谆谆教诲和殷切希望。

王阳明家规的核心是良知教育，他主张“蒙以养正”，把勤读书、早立志、学做人、做好人作为家规教育的重中之重。在《与克彰太叔书》中，他教导子弟立志勤学：“学本于立志，志立而学问之功已过半矣。”在《寄诸弟》中，特别强调了“改过为贵”的思想：“人孰无过？改之为贵。”在《寄正宪男手墨》中强调自己的讲学宗旨，要求子弟以“致良知”为人生根本：“吾平生讲学，只是‘致良知’三字。仁，人心也；良知之诚爱恻怛处，便是仁，无诚爱恻怛之心，亦无良知可致矣。汝于此处，宜加猛省。”

《示宪儿》这篇被称为王阳明家规“三字经”的家书堪称经典之作，整篇家书为歌谣体式，三字一句，共32句，一韵到底，朗朗上口。全文如下：“幼儿曹，听教诲：勤读书，要孝弟；学谦恭，循礼义；节饮食，戒游戏；毋说言，毋贪利；毋任情，毋斗气；毋责人，但自治。能下人，是有志；能容人，是大器。凡做人，在心地；心地好，是良士；心地恶，是凶类。譬树果，心是蒂；蒂若坏，果必坠。吾教汝，全在是。汝谛听，勿轻弃。”

王氏后人秉承王阳明的训子家规理念，形成了以“三字十二条”为代表的姚江王氏族箴，并将其作为家族安身立命的旨要与规范。

二、“致良知”：王阳明的家风故事

王阳明的一生，是一代大儒“修身、齐家、治国、平天下”的一生，是践行儒道、为国尽忠的一生。无论是被贬谪蛮荒之地还是戎马倥偬之中，他总是以国事为重，以尽忠为先，以尽孝为念，并且谆谆教育弟子要立志勤学，以圣贤自期，以修身养性、致良知为人生根本。致良知，既是阳明学派的门风，也是王阳明一家的家风。

王阳明小时候，堪称顽劣少年，史料中有不少他被父亲王华责打的记录。青年时代，他也一度迷惘，精神不知往何处寄托，后人曾概括他年轻时的“五溺”：任侠、骑射、词章、神仙、佛氏。用今天的话来说，王阳明年轻时候，痴迷求仙拜佛，喜欢打打杀杀，走了不少弯路。在被贬谪到偏远蛮荒的贵州龙场驿时，某个晚上，习惯夜夜静坐深思的王阳明，突然大悟“格物致知”之道。著名的日本学者冈田武彦在《王阳明大传》一书中描写“龙场悟道”时说：“一天夜里，王阳明恍然顿悟，随即发狂般地欢呼雀跃起来，感觉就像云开雾散、豁然见阳光一样，终于使至今未曾参透的‘格物致知’之旨露出了真相。王阳明觉悟到：原来圣人之道蕴藏在每一个人的心中，一直以来所沿用的向心外求理的方法本身就是一个错误……”①

“破山中贼易，破心中贼难”，这是王阳明的名言。无论身处什么时候，无论外界有什么样的监督，除了自己之外，没有人能替自己看顾内心。

有惭愧心、肯认错、懂得感恩等善念，都是良知在起作用，但百姓虽日用而不知。有一天，王阳明与弟子讲学至深夜，一个学生始终不明白良知究竟是什么。突然门外一阵骚乱，有人大喊抓贼。过了一会儿，一个盗贼被抓了进来。王阳明没有惩罚他，反向他讲起良知的道理。盗贼颇为不屑，傲然说道：“我是盗贼，我没有良知。”

王阳明看看盗贼头上的汗，说道：“天太热了，你把外衣脱掉吧。”盗贼不知王阳明葫芦里卖的什么药，但想想脱掉衣服又没什么，就把外衣脱了。王阳明接着让他脱掉裤子，盗贼虽然有些犹豫，但看着王阳明坚持的眼神，不敢造次，也勉强脱了。接着在王阳明的要求下，盗贼一件一件继续脱，一直脱到只剩一条裤衩。此时任凭王阳明疾言厉色，盗贼死活不肯再脱，并高声喊道：“打我也罢，杀我也罢，就是不能再脱。”

王阳明问他为何，盗贼支支吾吾说不出来。王阳明指着他道：“这就是你的良知。”然后转身对众学生说：“羞耻之心，人皆有之，盗贼也不

① 关山远：《王阳明给今人的启迪》，http://www.ccdi.gov.cn/yaowen/201511/t20151122_138994.html。

例外。”接着叹惜道：“愚昧的人、品行不好的人，即使他糊涂不明到极处，良知未尝不存在。如果能致良知，无疑都可以达到圣人的境界。”

第四节　凡人总以立身为贵

一、章太炎家训：从《家训》到《遗嘱》

（一）章太炎其人

章太炎（1869—1936），浙江余杭人，中国近代杰出的思想家、教育家、革命家和社会活动家，与孙中山、黄兴并誉为“辛亥三尊”。章太炎原名学乘，易名炳麟，字枚叔。后因仰慕明末清初爱国思想家顾炎武（本名绛），改名为绛，号太炎。章太炎还有诸多别名、别号，而“太炎”是最为人们所熟知的。

章太炎早年跟随外祖朱左卿学习，1890 年到杭州诂经精舍，师从清代著名朴学大师俞樾学习八年，扎下深厚的国学根基，最终成为一代国学大师，其在小学、经学、史学、文学、诸子学等方面均有成就。他还依据《说文解字》的简笔字，创造了注音符号，上声下韵，相切成音，这是中国第一套汉字注音方案，1918 年由北洋政府教育部正式颁行（现仍在台湾通用），1958 年中国对注音符号进行拉丁化，改成了汉语拼音。

章太炎淡泊名利，终生不仕，决不趋炎附势，一身正气。曾被慈禧、袁世凯、蒋介石追捕通缉，数入牢狱，长年流亡，但革命之志始终不动摇。鲁迅临终时回忆其师章太炎：“考其生平，以大勋章作扇坠，临总统府之门，大诟袁世凯包藏祸心者，并世无第二人；七被追捕，三入牢狱，而革命之志终不屈挠者，并世亦无第二人。这才是先哲的精神，后生的楷模。”

章太炎向来崇敬抗击异族的英雄，他希望自己百年之后在地下能与英雄为邻，他生前曾两次为自己选择墓地。第一次选择墓地是在被袁世凯软禁期间，他希望百年后葬在“攘夷匡夏”的明朝开国元勋刘伯温的墓侧，以示敬仰，并亲笔写下“章太炎之墓”五字。[①]第二次选择墓地是在1936年，晚年的章太炎见抗战已兴，但未见到战争的胜利，故有死后傍葬抗清英雄张苍水（煌言）墓侧之嘱，希望地下为邻，共迎胜利。[②]1955年，浙江省人民政府正式为章太炎举行安葬仪式，墓址选在杭州南屏山麓、荔枝峰下抗清英雄张苍水墓之侧。

（二）章太炎家训

章太炎的父亲章濬曾立有严格的家训来告诫子女：“妄自卑贱，足恭谄笑，为人类中最庸下者。吾自受业亲教师外，未尝拜谒他人门墙。汝曹当知之。”“精研经训，博通史书，学有成就，乃称名士。徒工词章，尚不足数，况书画之末乎？然果专心一艺，亦足自立，若脱易为之，以眩俗子，斯即谓斗方名士，慎勿堕入。”这些家训要求子女们在人格气节上不得对清廷卑躬相事；在学问上精研经史，而不是专心于词章、书画等，并且人格气节要比学问更重要。

章太炎后来的行事，也都完全遵循了父亲的训诫。他成人后既是革命家又是学问家，终年奔波，忘情事业，无暇顾家与教子，但他多次将父亲章濬的教诲，共15条恭录于纸，称之《家训》，笔示后人，令后代遵行。在章太炎去世的前一年，即1935年，他立下《遗嘱》，对子孙如何为人、藏书与爱书、家产与分配等进行了记录。

《遗嘱》共分四部分。第一部分是交代儿辈做人的原则，第二、三部分是对自己藏书、著书的交代，最后部分则是对遗产及分配的交代。“凡人总以立身为贵，学问尚是其次，不得因富贵而骄矜，因贫困而屈节。其或出洋游学，俱有资本者皆可为之，何足矜异，若因此养成傲诞，非吾子也。入官须清慎。若异族入主，务须洁身。”这与其父亲章濬“妄自卑贱，足恭谄笑，为人类中最庸下者”“人心妬媢，常不能绝，上者忌功害能，其次以贫贱富贵相较，常生忮心，甚乃闻人丧败喜溢眉宇，幸灾乐祸，祸亦随之至”的家训一脉相承。

---

① 华强：《章太炎大传》，上海交通大学出版社2011年版，第340页。
② 章念驰：《我的祖父章太炎》，上海人民出版社2012年版，第61页。

二、章太炎的“立身”品格及对后代的影响

章太炎最重视“立身”教育，他把立身看成人生第一要义，立业、立学、立德、立言……都看成等而下之的。而要立身做人，就必须讲求人品、人格。

袁世凯当上中华民国临时大总统后不久，称帝企图日益暴露。章太炎昔日追求的民主共和理想，竟然为帝制复辟所代替，宋教仁被刺，二次革命失败，洪宪帝制出台，袁世凯倒行逆施，无不使章太炎痛心疾首。章太炎新婚燕尔，毅然决定当面质问袁世凯，挽救危局。亲友百般劝说，都无法阻拦，他说：“我决定要去面质包藏祸心的袁世凯，明知是虎穴，可是不入虎穴，焉得虎子？”章太炎到京后，径闯总统府，摇着折扇，扇柄上坠着袁世凯以前授予的金光灿灿的大勋章，以示对袁世凯的反对和蔑视，并大骂袁世凯包藏祸心。由于章太炎的影响力，袁世凯不敢杀他，而是将他软禁起来。

被囚于龙泉寺后，章太炎写信嘱咐夫人汤国梨“家居穷迫，宁向亲朋借贷，下至乞食为生，亦当安之，断不受彼（指袁世凯）嘑蹴之食”。幽禁之初，章太炎曾给袁世凯写信，表示“九死无悔”，坚决不对袁世凯妥协。又写《家书》，表示要“以死争之”，决意绝食。袁世凯怕章太炎真的饿死，令警察厅总监吴炳湘设法处置。吴便让他熟识的一个医生假具呈文，以医生的名义把太炎先生接至医院治疗。面对民族大义，章太炎不畏危难，置个人生死于度外的气节，传颂华夏。

章太炎的人格与气节深刻影响着他的子孙后代，其孙章念驰在《我的祖父章太炎》中说：“从《家训》到《遗嘱》，可见他本人是恪守这样的准则的。他一生最讲求的是为人、人品、人格，他把立身看成是人生第一要义，立业、立学、立德、立言……都看成是等而下之的，即把做人看成是第一位的。”“他的革命经历与道德文章，永远是家中无形的‘家教’。尽管我们兄弟姊妹（孙辈）都没有见过他，但我们可以感到他的无处不在。由于我从事他的遗著整理和史迹研究工作，受他影响更深，时时刻刻感受到这种无形的‘家教’的作用。”“余生已晚，虽无幸亲耳聆听先祖父教诲，但他那正直高大倔强不阿的形象却时刻活在我心里，他的教诲时时萦回在我的耳畔，无论在逆境或顺途，我觉得他一直在鞭策着我。人生苦短，

世事是做不完的。但人活着不是仅仅为做事，去为功名利禄折腰，而首先应该正身，把人做好，做一个堂堂正正的有修养有道德的人，不要沽名钓誉随波逐流。不以物悲，不以物喜，不唯上，不唯下，要讲人品，要争人格，不可妄自卑贱，不可媚上屈节。当今之世，我们首先要把做人的原则搞清楚，我以为这就是先祖父对我的最大教诲。”①

第五节　以石为伴，淡泊名利

一、沈钧儒与《沈钧儒家书》

沈钧儒（1875—1963），字秉甫，号衡山，浙江嘉兴人，祖籍慈溪市沈师桥。他曾担任最高人民法院院长，第一、二、三届全国政协副主席，第一、二届全国人大常委会副委员长，民盟中央主席等职，被周恩来总理称赞为“民主人士左派的旗帜”，是我国德高望重的老一辈国家领导人之一。

沈钧儒出生在江苏苏州一个士大夫家庭。沈氏的祖先是周文王的第十个儿子聃季载，聃季载封于河南沈丘，为“沈子之国”，其后世子孙遂以国为姓。沈氏始祖聃季载的第 74 代子孙沈恒考中进士，后担任明州（今浙江宁波）市舶司，沈恒便从河南沈丘迁居浙江慈溪。明朝末年，沈恒的第 16 代子孙沈文雄，为避倭寇入侵骚扰，由慈溪迁居嘉兴的蒋庄村，从此，师桥沈氏的一支在嘉兴繁衍生息。沈钧儒家庭因为祖父沈玮宝任苏州知府，因此侨居苏州。

沈钧儒一生经历了清末、北洋军阀以及国民党统治和新中国几个不同的时代，从一个科举出身的进士成了一个坚强的民主主义者，进而成为一位中国共产党的亲密战友和杰出的党外共产主义战士。沈钧儒一生数次出生入死。他被北洋政府监禁过；上海“四一二”政变，他又遭蒋介石逮捕；

① 章念驰：《我的祖父章太炎》，上海人民出版社 2012 年版，第 305—307 页。

抗日战争期间，他同邹韬奋、李公朴、史良、沙千里、章乃器、王造时七人，被国民党政府逮捕，史称爱国“七君子”事件。

沈钧儒一生为爱国救国，一次次离妻别子，终年四处奔波。但他非常重视家庭，重视家规家教。由中国民主同盟中央委员会、沈钧儒纪念馆编的《君子至爱：沈钧儒家书》，汇集了沈钧儒从 1901 年到 1957 年分别写给妻子、兄弟、子女、孙辈的 200 多封家书。在一封封家书中，沈钧儒表达了对父母拳拳以报、对妻子忠贞不渝、对子女舐犊情深的丰富情感世界，并从读书教育、习惯养成、性情品行、子孙管教、志向笃定等各方面对家人提出了要求与希望。

二、沈钧儒自我修养的家庭之因

沈钧儒出身于书香门第，官宦世家，从小接受儒家“修身、齐家、治国、平天下”的理想和济世救民的传统的熏陶，养成了良好的道德修养。他一生不吸烟、不嗜酒、不赌博，每天打扫卫生，整理房间，无论晚上睡多迟，第二天早上从不晚起，每天晚上还要反省自己。其四子沈谅回忆说：“在父亲的以身示范和教导下，我们兄妹五人都不吸烟喝酒。他对工作积极负责，很忙，经常每晚工作到深夜，但他从不晚起。家中陈设简单朴素，墙上只挂些字画之类，没有令人感觉铺张奢华的东西。房里扫地、揩拭桌椅等杂务，他总爱亲自动手，不指使仆人。这种以身作则的示范，对我们子女是深刻教育。”[①]

沈钧儒的这种修养得益于父亲沈翰对他的影响：“幼年时代，父亲所给予我的家庭教育，影响也异常之大。综计父亲所教育我们的，第一是和平；其次是清洁整齐和习惯；此外，父亲更教育我们要爱惜物力……和平、整洁、勤俭，以及爱惜物力这数点，可以说我从父亲那里得到了最好的家庭教育。我从小受了这种训练后，嗣后一直在日常生活中实行。”[②]

沈钧儒在八十几岁高龄的时候，身体还依然很健朗。他认为自己的身体健康除了得益于独创的健身运动之外，还得力于修养。“要求得健康，

① 沈谅：《对慈父的怀念》，《沈钧儒纪念集》，三联书店出版社 1984 年版，第 356 页。
② 沈谱、沈人骅：《沈钧儒年谱》，中国文史出版社 1992 年版，第 4 页。

单靠运动是不够的……健康不应当仅仅指身体健康，而应是身心俱健。”

沈钧儒承袭家风，一生爱石、嗜石。“吾生尤爱石，谓是取其坚。”沈钧儒爱石头，就是看重其坚强的品质。他常以石头坚硬纯洁、朴实晶莹等固有的特性来教育子女。他经常告诫儿女要为人正直，特别是在金钱的问题上，他的要求更为严格。在辛亥革命前，他曾在浙江咨议局工作过，在别人眼中这是个难得的发财机会，因为他完全可以在杭州西湖旁谋得田产，但沈钧儒认为利用官职谋财是不仁不义的卑鄙行为，所以不屑一顾。

他时常说，一个人最重要的是心要静。做到心静的方法，首先就是去除名利的念头，眼光要看得远，不要只看到个人，要看到朋友、人民、祖国。一个无论做什么事情都想到钱、想到个人名利地位的人，因为整日存私心杂念，他的心就永远不会静下来。如果心不静，一颗心老是被什么东西束缚着牵引着，慌慌忙忙地不得休息，也就自然谈不上强健了。他曾给三子沈议（沈叔羊）写过这样一段话：“凡是着眼在金钱与地位者，结果终归是无聊无意义。反之，着眼在事业与自己能力者，必有结果，惟困苦与忍耐为要！”第二天，他还特意带儿子沈叔羊到西湖边拣了一块方石。在新年时，他把这块方石与自己所写的上面这段话作为礼物送给了儿子。沈叔羊后来回忆说，父亲一生对他教诲甚多，这句话给他的印象格外深刻。后来沈叔羊请人将这句话刻在了从西湖旁拣来的方石上，同时将这句话作为自己的座右铭。①

其次就是少发愁发怒。沈钧儒之所以能够做到心静，就因为他不常常发愁发怒。他说，愁和怒都是很伤身心的，无缘无故的发愁发怒更是没有好处，要寻找解决问题的方法。沈钧儒对家人从不疾言厉色，也很少面红耳赤，即使有人犯错误，他也是温和地教导，循循善诱。他在写给长子沈谦的信中，就曾教导他“身体不宜火冒”“和气生祥，乖气致戾”“家中无钱，勿必懊恼”“勿急燥（躁），勿生气，如有困难慢慢来克服”。

沈钧儒的修养得益于看书，他认为只有书才能增进自己的能力，纠正一切的错误，帮助反省，解决问题。在家书中，他教导夫人张象徵、儿辈等“书真一日不可不看也”，“人会老，知识是不会老的”。

---

① 文欣：《沈钧儒以石教子》，《学子》2003 年第 3 期，第 62 页。

第四章　规约家庭：治家教子在浙江名人家风中的体现

在中国的传统社会中，“家”一直都是个很重要的概念。受中华传统文化的影响，中国人一直秉承孔孟之道，忠孝，仁义，家和万事兴的儒家理念，延续着家庭生活的习惯，祖孙三代生活在同一屋檐下的情况比比皆是。无论传统文化和人的精神层面发生怎样的变化，“家”都是维系所有中国人的地方，是我们每一个中国人成长的起始之站。中国人一生受家庭教育、家庭文化的影响非常大，每个人的成长都离不开“家”的影子，而“家”也成为中国人的精神信仰，是中国人内心最深处的根。

“家”是传统中国社会最基本的社会单位，家庭治理是我国的优良传统，中国重“家”的思想由来已久。在中国古代家国同构的政治生态中，家庭不仅承担着社会再生产和人口再生产的基本职能，而且是基层政治单位，承担着重要的政治职能。古人将家庭的治理看作最基本的修养，具备了这样的修养才可以为国家做贡献。产生于家庭关系基础之上的伦理规范，在数千年的历史中成为中国人治理国家的“典范”。可以说，家文化是中国文化的“基因”。

“天下之本在国，国之本在家。”无论是在家国同构的古代中国，还是在现代化建设加速推进的当代中国，家庭治理都具有不可或缺的重要意义。治家着重强调的是对家庭事务的管理以及对家庭成员的规约。我们每个中国人都希望家庭和睦，子孙昌盛，家族兴旺。在外建功立业是为了光宗耀祖、在内勤俭持家是为了子嗣传承的思想在历代中国人的心中传递。

在我国，家庭治理意识的萌芽至少可以追溯到殷周之际。《周易·家人》卦记载："家人，女正位乎内，男正位乎外。男女正，天地之大义也。家人有严君焉，父母之谓也。父父，子子，兄兄，弟弟，夫夫，妇妇，而家道正。正家而天下定矣。"此后，我国历史上出现了大量家训家规类作品。古人把家庭的治理看作最基本的修养，上至帝王将相，下至士庶之家，乃至平民百姓，都纷纷通过立家法、订家规等方式来推进家庭治理工作。在以"整齐门内，提撕子孙"为目的的传统家训家规文化中，治家之道的思想异常丰富，主要体现在以圣贤为范的立家之道、以教子为先的兴家之道、以勤俭为务的持家之道以及以睦亲为上的齐家之道等。

本章选取了刘伯温、浦江郑义门、袁采、许汝霖、海宁查氏等浙江名人名家在规约家庭方面的家风家训精华，为我们在治家兴家、教育子弟等问题上提供了许多可资借鉴与学习的经验。

第一节　重文崇智，尚俭倡廉

一、刘伯温："家事"寓家训

谈起刘伯温，中国人几乎是无人不知无人不晓，关于他的各种传说早已在民间流传多年，他是能上知五百年、下知五百年的神算子，以神机妙算、运筹帷幄著称于世，素有"北有诸葛亮，南有刘伯温"之美誉。

刘伯温（1311—1375），名基，字伯温，浙江省温州市文成县南田镇武阳村（原属青田县）人，元末明初著名的思想家、军事家和文学家，明朝开国元勋，被誉为"渡江策士无双，开国文臣第一"，朱元璋多次称其"吾之子房也"。

刘伯温博学多识，学究天人，精通天文、兵法、数理等，尤以诗文见长，其诗古朴雄放，被称为"一代之冠"，文集《郁离子》、散文《卖柑者言》等都是名作。在文学史上，其与宋濂、高启并称"明初诗文三大家"。有《诚意伯文集》传世。

刘伯温的出生地原属于青田县，故时人称之为“刘青田”。明洪武三年（1370）十一月，刘伯温被追封为开国翊运守正文臣、资善大夫、护军诚意伯，人们又称其为“刘诚意”。正德九年（1514）追赠太师，谥号“文成”，后人又称他为“刘文成”“文成公”。今文成县的县名就是为纪念这位先贤而取的。

刘伯温的家训与其他历史名人成文的家规家训不同，它不以“言传”，而是重“身教”。它不是传统意义上文本式的家训，而是将家训的要义寓含在一件件具体的“家事”之中，如刘伯温先祖的文武兼备、乐施重义；刘伯温本人的手撕墓图、大义拒金；刘伯温后代的去奢尚俭、恪守家规等。这些“不成文”的家训，对后代起到了很好的示范和教化作用，也深受朝野称颂。朱元璋在《（刘伯温）父永嘉郡公诰》中评价：“朝廷所赖，士民所瞻，皆遗训之功，力善之征也。”后来南田武阳等地的刘伯温后裔，在刘伯温治家思想的基础上又拟定了新时代的家训。如今在刘伯温故居入口的影壁背后，就镌刻着“爱家国、睦邻里、尊祖宗、孝父母、和兄弟、敦族亲、训子孙、正名分、勤职业、慎官守”的刘氏祖训族规。刘氏祖训族规的全文为：爱家国，国家兴亡，匹夫有责；睦邻里，文明礼貌，严己宽人；尊祖宗，春秋祭祀，缅怀祖德；孝父母，孝顺为本，子贵孙贤；和兄弟，敬兄爱弟，手足至谊；敦族亲，相亲和睦，古风可存；训子孙，课训子孙，父母之责；正名分，长幼有别，于心无愧；勤职业，力勤精详，耕读传家；慎官守，泽民为本，问心无愧。①

二、刘伯温的家风家世

刘伯温的远祖可以追溯至中山靖王刘胜，家族世代为将，勇略兼具，军功显赫，直至六世祖刘尧仁，一反武将世家而成为书香门第。所以刘伯温的家世家风良好。

14 岁以前，刘伯温的读书和生活是在父母的影响下进行的。他的父亲刘爚曾任遂昌县教谕，是主管一县的士子读书和科举事宜的小文官。古

①《“我们的家训”采风团走进文成 探访名人古村家训家风》，http://www.zjwmw.com/07zjwm/system/2014/07/14/020138460.shtml。

时候的青田、遂昌虽说属于同一州，但是两地相隔颇远，约 300 里山路，且自然条件恶劣，其父的薪水也可想而知了。那时的刘伯温家已然贫寒，但刘爚的人品是有口皆碑的。刘爚虽然不经常在家，但他对刘伯温的教育从不放松，要求夫人严格管教，由浅入深，循序渐进。每次回家他都会对刘伯温教导一番，不断灌输新知识。在父母的熏陶下，刘伯温进步很快，不仅能自觉学习，而且经常教弟弟读书写字。当时正值元朝重新开始科举取士。刘爚给予了刘伯温很高的期望，认为他有机会科举高中，光宗耀祖，所以刘爚便辞官回家专心耕田教子。刘伯温将自己的品行、才华和成绩完全归功于父亲的教诲。朱元璋《（刘伯温）父永嘉郡公诰》对刘爚有这样的评价："世为右族，人服令名，蕴设施之才，而无求于时，贻文学之传而能善其子，是以其子行义方于古人，谋猷著于实用。朝廷所赖，士民所瞻，皆遗训之功，力善之征也。"①

刘伯温的母亲富氏是北宋名相富弼之后，勤劳而又知书达礼，虽家道败落，但仍颇具书香名门闺秀之范，她是刘伯温的启蒙老师。渊源深厚的家学使得刘伯温自小既能接受庭训，又能饱览群书。刘伯温 5 岁就开始接受家庭启蒙。他读书非常勤奋，学习十分认真，且天资聪颖。7 岁开始学习经、史，加上刘家祖辈数代修文，家中典籍收藏颇丰，使他从小就有博览群书的好机会，七八岁时便能背诵《国风》。就是在这样的情况下，刘伯温开启了读书生涯，一点点地吸收着中国传统文化的"忠信诚义"等精神。刘伯温母亲的启蒙，刘伯温自身的勤奋好学，都为刘伯温将来的成就打下了坚实的基础。

刘伯温家风家训的核心内涵是"重文崇智，尚俭倡廉"。他一生淡泊谦卑，尚俭倡廉。史书上记载，晚年刘伯温归隐之后，每天只是游山玩水，喝酒下棋，口不言功。当年的知县多次求见而不可得。后来这知县穿上便装，打扮成山野村夫，这才在茅舍里得见刘伯温一面。当这知县坦言自己的身份后，刘伯温大吃一惊，赶紧站起身来行礼，并且自称草民，随后，就拜谢而去，终不复见。

刘伯温手撕墓图的故事也广为流传。在刘伯温临终之前，其子刘琏、

① 周群：《刘基评传》，南京大学出版社 1995 年版，第 20 页。

刘璟为他准备的是石人石马墓。当两个儿子把石人石马坟墓草图递给病榻之上的刘伯温时，他生气地一把撕个粉碎，语重心长地告诫："这'墓'字，上草下土，用石板铺地，如何长草？人不能靠造石墓、立石碑流芳百世，还是用土作床，与草为伴吧！"

刘伯温的精神伴随着他的后代代代相传，其后人中也是英才辈出。直至今天，刘氏后人仍然在用各种各样的方式祭奠着这位祖先，在每年农历六月十五日刘伯温的诞辰日，文成县南田镇的刘伯温后裔都将举行隆重的祭祀活动，在 2014 年的刘伯温秋祭中，特别增设了刘氏祖训族规的宣读环节。形式为次，习其精神。他们都秉承刘氏祖训的教诲，言传身教，以身作则，实践并传承着刘氏几百年来的优良家风。

第二节　崇孝尚义，合家义居

一、郑义门与《郑氏规范》

郑义门，又称"江南第一家"，位于浙江省金华市浦江县郑宅镇。历史上，一个家族累世同居被朝廷旌表，可称"义门"。"义"即孝义，"门"乃门户，即指家族，因而"义门"是指以"孝义"治家的累世同居之家，且门风纯正，堪为天下典范。在历朝表彰的"义门"中，一般五世、七世已属难能可贵。而郑义门，其合众生活的热闹场景，却足足延续了十五世。自北宋重和元年（1118）至明天顺三年（1459），郑氏家族在此合族同居历时 340 余年，历经宋、元、明三个朝代，鼎盛时期 3000 多人同吃一锅饭，其孝义族风多次受到朝廷的旌表。明太祖朱元璋听闻当时的郑义门已九世同堂，特赐匾"江南第一家"。明天顺三年（1459），郑义门因一场大火，屋宇宗祠几乎被焚毁殆尽，家族同居共饮就此结束。今天的郑义门，是全国重点文物保护单位、浙江省廉政教育基地以及爱国主义教育基地。

开启郑氏家族合家义居的人叫郑绮，他被后人尊为义门"同居一世祖”。郑绮（1118—1193），字宗文，号冲素处士，出生于一个继承有祖传千亩良田的大户人家。不过他的父亲郑照为救灾民而卖田千亩，导致家道中落。因为家贫郑绮辍学务农，但他十分好学，喜欢读书，在勤耕的同时坚持苦读，精通《春秋》《穀梁传》等，曾撰写数万字的《春秋穀梁合经论》，可以说是位热爱儒家文化的雅士。

郑绮一生秉持孝义治家，为了使子孙后代秉承郑氏家风，壮大郑氏门楣，重振郑氏家族，他在临终时立下遗言：“吾子孙有不孝、不悌、不共财聚食者，天实殛罚之！”这一临终嘱托，正式开启了郑氏家族孝义治家的家风，也让他的后代们创造了十五世同居，历经宋、元、明三个朝代，长达 300 多年的义门同居的奇迹。

《郑氏规范》是浦江郑义门“同居一世祖”郑绮去世之后，其后裔恪守遗训，累世同居，历经几代人创制、修订、增删，所逐步形成的一部齐家宝典。《郑氏规范》涉及家政管理、子孙教育、冠婚丧祭、生活学习、为人处世等方方面面，共 168 条，是郑氏家族管家治家的法宝，堪称世上最齐全的家庭管理规范。

《郑氏规范》在中国传统家训教化史上有着重要的地位，被誉为中国传统家训的重要里程碑。与历史上家训家规理论性较强的特点不同，《郑氏规范》比较注重操作性，它把儒学的追求转化为可操作的细节，将儒家的“孝义”理念如数学公式般转换成操作性极强的行为规范。《郑氏规范》中治家、教子、修身、处世的家规族约，以及极具特色的教化实践，对中国古代家族制度的巩固发展，对中国封建社会后期的稳定和儒家伦理、文化的世俗化，都产生了深远的影响。明太祖朱元璋对《郑氏规范》大为赞赏，并将它作为制定明朝法律的参考。

《郑氏规范》的精华主要有三个方面：一是厚人伦，崇尚孝顺父母、兄弟恭让、勤劳俭朴的持家原则；二是美教化，开办东明书院，注重教育，且教子有方；三是讲廉洁，从家庭角度制约为官者“奉公勤政，毋蹈贪黩”。

二、郑义门孝义治家的生活化彰显

1385 年，郑氏八世孙郑濂受到明太祖朱元璋的召见。面见结束后，朱元璋赐给郑濂两枚进贡的香梨。郑氏家族作为孝义治家的典范，圣上的恩赐自然不可以独食。但这些食物该怎么分配呢？只见回到家的郑濂召集所有的家人，向京城方向叩首谢恩后，找来两个装满水的大缸，将香梨捣碎后放入缸中，让所有的家人分着喝。朱元璋听闻这件事后，对郑濂大加赞赏，想要赐官给郑濂，但郑濂自觉年岁已高，便推辞了恩赐。

后来，因有人状告郑氏家族结交叛逆罪人，办案官差来到郑家，欲带走相关涉案人员。郑氏家族发生这件大事时，郑氏家族的主政人郑濂正因事在京城。为了保全其他人，郑氏家族八世孙六人都争抢着承担责任，争相让官差把自己带走。最后郑濂的弟弟郑湜劝退了其他人，被官差押解至京城。当时正在京城的郑濂，赶去拦住弟弟说："我是兄长，又是当家人，理应由我去。"而弟弟郑湜却说："哥哥你已年老，经不起折腾，再说家里也离不开你。"就这样，二人互不相让，争相入狱。朱元璋知道这件事后说："像这样的孝义之人，怎么会去追随他人叛逆呢？这样的孝义人家，更应该多多出来做官，为其他官员树立忠义的榜样。"遂将诬陷之人治罪，并重用郑家子弟为官。

义门同居，在中国古代是许多大家族的治家方式。"同居"特指聚族而居，同一个宗族，共用家产，共同生活。同居的家族，是团结和睦、家产丰富的象征，得到世人的称赞，官府也非常提倡并给予表彰，颁发门匾，称为"义门"。而"义"是以"孝"为核心的。

郑氏"同居一世祖"郑绮对父母非常孝顺。郑绮的母亲张氏身患风挛而导致瘫痪，不得不长期卧床。郑绮三十年如一日，每天在床边悉心服侍，喂汤侍药，从不懈怠。母亲大小便时，郑绮也必定亲自抱送母亲到厕所，小心翼翼，生怕母亲有丝毫磕碰。无论母亲有什么要求，郑绮都会拼尽全力满足。有一年夏天，天气异常炎热，整日躺在床上的母亲更是燥热难耐，在与郑绮聊天时，她无意之中透露出自己想喝清冽的泉水。说者无心，听者有意，郑绮牢牢记下了母亲想喝泉水一事，多方去寻找泉水，希望能让母亲在这酷热中感到一丝清凉。在这样干旱的日子里，泉眼自然是滴水不出，于是他顶着炎炎烈日，任凭身上汗如雨下，四处挖掘泉眼，但始终没有出现他所期盼的喷涌而出的泉水。路过的人都劝郑绮放弃，大家都认为连日来太阳高照，未曾下雨，是不可能挖出泉水的。怎么办？难道自己连母亲的这一点儿愿望都无法满足？想着想着，他因悲伤自责而仰天大哭，也不知哭了多久，只见泉水忽然喷涌而出，清冽甘美，倾泻数里。郑绮连忙欢喜地将泉水打回家，亲自喂给病床上的母亲。世人认为是郑绮的孝心感动了上天，泉水才被郑绮感召而出，因此把郑绮所挖掘的泉称为“孝感泉”。

据记载，郑绮还有一件孝顺之事。有一年，父亲郑照不知什么原因得罪了权势之家，被关进监狱，马上就要执行死刑。郑绮号啕大哭着跑去探视，他坚信父亲是清白的，因为父亲曾变卖家里的田产来救助灾民，这样善良的人又怎么会触犯法律呢？到了监狱之后，刑狱的官吏不准他进去探视，于是他毅然决然地用额头撞向了监狱的大门，用手指蘸着头部流出的鲜血书写着父亲的冤情，乞求让自己代替父亲受刑。郑绮对父亲的孝行打动了知州钱端礼，他不禁怀疑，如果郑照自己的行为不端正，怎么会有这样有孝心的儿子呢？或许其中真的有什么冤情，因此他决定重新查访案情，经过仔细核对证人、证言、证物，最终冤案大白，郑照被无罪释放，而郑绮孝子的名声也传扬开来。

第三节　父母不可妄憎爱

一、袁采与《袁氏世范》

袁采（？—1195），字君载，南宋信安（今浙江衢州常山）人。隆兴元年（1163）进士，乾道四年（1168）任江南西路袁州萍乡县（今江西萍乡）主簿，淳熙五年至十年（1178—1183），任浙江东路温州乐清（今浙江乐清）县令，淳熙十年（1183）调任福建路建宁府政和县（今福建松政），绍熙元年（1190），又迁至江东路徽州婺源县（今江西婺源）。后来，官至监登闻鼓院，掌管军民上书鸣冤等事宜，即负责受理民间人士的上诉、举告、请愿、自荐、议论军国大事等方面给朝廷的进状。

袁采自小受儒家之道影响，为人才德并佳，时人赞称“德足而行成，学博而文富”。步入仕途以后，袁采以儒家之道理政，以廉明刚直著称于世，而且很重视教化一方。在任温州乐清县县令时，他感慨当年子思在百姓中宣传中庸之道的做法，撰写《袁氏世范》一书用来践行伦理教育，美化风俗习惯。

袁采能文善画，著作颇丰，曾撰有《乐清志》《政和杂记》《县令小录》《信安志》《阅史三要》《经权中兴策》《千虑鄙说》《经界捷法》等。在乐清从政期间，袁采曾三入雁荡山实地考察，撰写《雁荡山记》一篇，记叙了当时的雁荡名僧、建寺及新辟景观等史料，并将所作之画刊于县志，纠正了雁山图的误差，为雁荡山的开发做出巨大贡献。

在袁采的一生当中，最为出彩的一笔，不在于为政，而在于立言，即撰写了著名的家教家训传世之作——《袁氏世范》。《四库全书》的编校者对《袁氏世范》给予高度评价，称它为“《颜氏家训》之亚”。

《袁氏世范》是袁采的治家格言录，写于南宋淳熙五年（1178），原名为《俗训》。在宋代以前，家训的数量不少，但大多意求“典正”，不以“流俗”为然。袁采一反前人，立意“训俗”，借助浅显易懂的乡村俚语，力求行文浅显直率、语言质朴通俗、规范操作易行，确保“田夫野老、幽闺妇女，皆晓然于心目间”，人人“能知”“能行”。因而书成之后，他取名为《俗训》。

《俗训》不局限于教育本家族子孙后代，而是面向民间，直面世俗之事，教化一方百姓，书成之后，远近争相抄录。考虑到“假而录之者颇多，不能遍应”，袁采决定开始刻版印刷，并请他的同窗好友、府判刘镇作序。刘镇在拿到这本书以后，爱不释手，“详味数月”，给予很高的评价。他认为这部家训不仅可以施之于袁采当时任职的乐清一县，而且可以“远诸四海”；不仅可以行之一时，而且可以“垂诸后世”“兼善天下”，成为“世之范模”，因此建议袁采把书名改为《世范》，后世又称《袁氏世范》。

《袁氏世范》分“睦亲”“处己”“治家”三篇，内容非常详尽。“睦亲”篇共60则，论及父子、兄弟、夫妇、妯娌、子侄等各种家庭成员关系的处理，具体分析了家人不和的原因、弊害，阐明了家人族属和睦相处的各种准则，涵盖了家庭关系的各个方面。“处己”篇共55则，纵论立身、处世、言行、交游之道。“治家”篇共72则，讲述持家兴业的一些道理。

二、袁采家训精选及阐发

人之有子，多于婴孺之时爱忘其丑。恣其所求，恣其所为。无故叫号，不知禁止，而以罪保母。凌轹同辈，不知戒约，而以咎他人。或言其不然，则曰小未可责。日渐月渍，养成其恶，此父母曲爱之过也。

人之兄弟不和而至于破家者，或由于父母憎爱之偏，衣服饮食，言语动静，必厚于所爱而薄于所憎。见爱者意气日横，见憎者心不能平。积久之后，遂成深仇。所谓爱之，适所以害之也。苟父母均其所爱，兄弟自相和睦，可以两全，岂不甚善！

——袁采《袁氏世范》

以上两则家训选自《袁氏世范》“睦亲”篇。袁采在《袁氏世范》“睦亲”篇中主要讲述了家庭和睦相处的一些道理和方法。他从人的不同性格、性情的分析入手，深入剖析造成家庭失和的原因。他认为只有弄清症结所在，才能从根本上解决家庭不睦。袁采认为，即使同一个家庭的成员，其“人性”也是不同的，“或宽缓，或褊急，或刚暴，或柔懦，或严重，或轻薄，或持检，或放纵，或喜闲静，或喜纷拿，或所见者小，或所见者大，所禀自是不同”。由于人的禀性大有不同，假如做父亲的硬要儿子的禀性适合自己、做兄长的硬要弟弟的禀性适合自己，那么对方未必心甘情愿。这样“其性不可得而合，则其言行亦不可得而合，此父子兄弟不和之根源也”。况且在面临具体的事情之际，有的认为是，有的认为非，有的认为应该先做，有的认为应该后做……每个人各持己见，都想让对方服从自己，这样必然会发生争执。一次次的争执，就会使彼此不睦乃至“终身失欢”。如何解决这个导致家人不和的根本问题，袁采提出了一系列措施。一是性不可以强合。为父兄和为子弟者，居家之道应该是尊重对方的人格和禀性，而不是要对方“同于己”“惟己之听”。二是善于反思自己。如果为父者和为子者都能站在对方的立场上考虑问题，处理双方的关系，待人如己，这样的家庭就不会有不睦之理。三是处家贵宽容忍让。袁采认为，自古以来，人们的道德水平就有高有低，家庭成员之间也不例外。这就要父子、兄弟、夫妇之间“宽怀处之”，互相忍让。

在“睦亲”篇中袁采还提出了许多调适家人关系的行为准则。比如，在父母与子弟的关系上，他提出要坚持两个基本原则：一是父慈子孝；二是父母爱子“贵均”。在父母对子女的憎爱方面，要“父母不可妄憎爱”，避免对子弟的“曲爱”“妄憎”两种错误倾向。袁采以自己的经验体会，加上对当时社会民风的观察，指出很多父母对子女疼爱备至却疏于管教，纵容孩子的坏毛病，对子女提出的任何要求不论是否合理都尽力满足，对孩子的任何行为不论是否正确都放任不管，对子女闯下的任何祸端都归咎于他人而从不自查。在这样放纵溺爱环境中成长起来的孩子往往会养成一身的恶习，等到他们长大成人，父母的溺爱之心渐渐减退，孩子稍有一些过失，父母就会感到极其厌恶，进而大发雷霆，把孩子的小毛病看成大错误。这样，父母子女之间的矛盾可能会不断加深，从而导致父母子女反目成仇。袁采还指出，做父母的往往偏爱幼小的子女，特别关心怜恤子女中的贫穷者，而做祖父母的则不同，他们偏爱的往往是长孙。这固然是人之常情，但弄不好会成为兄弟不和的原因。故而做长辈的一般情况下应该对子弟一视同仁，不可偏憎偏爱，要“均其所爱”。不仅如此，为人父母者还要注意教子宜早、宜正，“子幼必待以严，子壮无薄其爱”。

第四节　维风厉行，宁俭毋奢

一、许汝霖家训精选

窃闻学贵治身，谊先敦本，维风厉行，宁俭毋奢。方今物力惟艰，人情不古，竞纷华于日用，动辄逾闲，勉追报于所生，事多违礼，习而不返，长此安穷？

——许汝霖《德星堂家订》

许汝霖（1640—1720），字时庵，号且然，浙江海宁硖石人，清代著名的清官廉吏，历任翰林院编修、江南学政、工部侍郎、礼部尚书等职。许汝霖为官期间，整士风、选人才；修水利、免赋税；除弊端、惩贪腐。其毕生清正廉洁，勤于政务；两袖清风，一身正气。康熙皇帝曾写“清慎勤”三个大字并钦赐匾额，褒奖其“清廉、谨慎、勤政”之品行，并且极为罕见地称他为“完人”：“卿居官三十年，并无小过。此去可称完人矣。”

康熙五十年（1711），许汝霖辞官回归故里，在告老还乡回到硖石后，为地方和百姓做了许多的好事善事。他悉心支持家乡的教育和建设，创办了东山书院，根据自己的治水经验，在家乡疏浚河道，“修颓圮之津梁”，重建危桥。他还热衷于慈善事业，“恤孤寡，赈贫穷，恩周三党”，“立义塾以课贫家子”，“设义阡以安抚无主骨”。为纪念许汝霖的清廉，感激他对家乡的贡献和为百姓做的好事，海宁百姓集资在东山脚下建造生祠“许公祠”（“三不朽祠”），纪念他“立德、立功、立言”三不朽的高风亮节。

官场上的许汝霖清正廉明，大公无私；奉公勤政，谦虚谨慎；护才爱民，体恤百姓；清除弊端、惩处贪腐。生活中，他勤勉好学，胸存大道；孝悌友爱，家庭和睦；以俭养德，培育后人；乐善助人，造福故里。

许汝霖为唐代名将许远的第 31 世孙，他一生为人为官恪守门风。为延续许氏家教门风，许汝霖在告老返乡的途中，撰写了一部家规家训——《德星堂家订》，教育子孙后代宁俭毋奢，教化民众移风易俗。

《德星堂家订》分为序篇、宴会篇、衣服篇、嫁娶篇、凶丧篇、安葬篇、祭祀篇，涉及勤俭、孝顺、廉洁等方面内容。比如：时下宴会奢靡，我家应有节有理；时下服饰奢华，吾辈应尚简朴；时下嫁娶重权贵，我们应重清白名声；时下凶丧不孝，我家应孝；时下祭祀不诚，我家应至诚至敬。

许汝霖有感于当时社会人情不古、日用纷华、事多违礼的风气，以日常小事向后代传授修身、治家、为人处世的基本方法，把对子孙的教导转化在生活的每一个礼仪规矩中，以小见大，折射出其洁身自好、清廉节俭的思想。《德星堂家订》在中华传统文化中享有较高地位，在清朝乾隆年间被选入《四库全书》，后又与《颜氏家训》《庭训格言》《朱子家训》《郑板桥家书》《曾国藩家训》等中国著名家训一起被收入《中华家训》。

二、“宁俭毋奢”的家训浸染

旧时，“许老爷的铺盖”的故事在硖石及四郊广为流传，家喻户晓。许汝霖早年家境贫困，很小时父母就去世了，由哥哥嫂嫂抚养长大。他进京赶考时仅拿了一把伞，背了一个铺盖。许汝霖一路风餐露宿，历尽艰辛。有时在店家门口歇脚，还被误当叫花子把铺盖扔出来。千辛万苦到得京城，铺盖也已破烂不堪。后许汝霖高中进士，官至礼部尚书。朝廷同僚都知道他有个宝贝铺盖，劝他把它扔了，但他始终保存着这个旧铺盖，舍不得扔掉。直至告老还乡，他仍将旧铺盖跟仅有的家产“唯图书数辆”一块儿运回了家。海宁乡民见此，感动不已，纷纷盛赞许老爷清廉俭朴，永不忘本。乡民们把他的旧铺盖称为“许老爷的铺盖”。“许老爷的铺盖”也成为当地勤俭节约的代名词。

在许汝霖的以身作则以及“宁俭毋奢”的家训熏染之下，他的儿子许惟模秉承父亲“清慎勤”的为官之道，拒腐蚀、办实事，一生廉洁奉公，也是个有作为的清官。在任顺天府丞（相当于今北京市副市长）期间，许惟模“慈惠抚良，严察奸慝”。有学政官按例馈赠“值数千金”的礼物给许惟模，被他拒绝，并遭严厉训斥：“朝廷名器岂往来酬应物耶？”

许汝霖的七世孙许仁沐是位有名望的慈善、教育人士。他筹资编印海宁地方志；为智标塔重修作记；创办双山讲舍，修复东山书院。他还积极从事慈善事业，恢复广善、育婴两堂，掩埋路尸，抚养孤儿，给因贫无力下葬者以费用，为无主者埋葬数以百计。特别是对被弃女婴，悉数收养而全成活。

许汝霖的第 11 世孙许伟平是海宁市首批注册的义工之一，他本人被评为“最美海宁人”，并荣登“浙江好人榜”。许伟平还带动全家勤俭节约、热心公益，他的家庭被评为浙江省“最美家庭”。据采访报道，许伟平始终恪守家规，一双皮鞋穿了 10 多年，一块手表戴了 20 年，一条皮带系了 28 年。同时，他也将祖上的良好家规传承给他的后人，在日常生活中言传身教。在儿子结婚时，原本 30 桌酒席后来压缩为 11 桌，他把省下的 3000 块钱捐给了慈善机构。在婚礼致辞中，他对新人的殷切期望就是牢记祖训，清廉节俭，爱国爱家。

第五节　诗礼传家，读书为本

一、海宁查氏家风

海宁查氏，由查氏得姓以来的第 67 世孙查均宝（查瑜）在元末明初时为躲避战乱从江西婺源迁徙而来。查瑜为元代处士，饱习儒学，精通易经。初到龙山时，查瑜以教书为业，一边“勤恳耕作，敦睦乡里”，一边“以儒为业，诗礼传家”，从中归结出了“耕读为务”的家训。查瑜的儿子查恕，是海宁查氏成为“文宦之家”的奠基人，他以医术著称，深得明太祖朱元璋赞赏，被任命为太医院国医，获赏一品官服。

其后，三世贫乐公查澄传下家训。《海宁世家》一书中，《海宁袁花查氏》一文的作者汪千里认为，在家训中，查澄指明家族的发展方向是“读书为本”，兴家之道是男读女织“勤俭为先”，修身之道为“兼知礼仪”，并规范了做人需四戒的行为准则。此后，查益、查绘、查约、查秉直、查继佐、查慎行、查昇等均留有严格而规整的家训，“中心大多围绕读书为本，尊重儒术，走科举入仕之路；并规范自身道德修养的范畴，以用于齐家治国平天下，以‘义赡恤，讲治生’（《太和公家训》）来增强家族的凝聚力”[①]。

明朝海宁查氏第七代开始修订家谱，按照“秉志允大继嗣克昌，奕世有人济美忠良，传家孝友华国文章，宗英绍起祖德载光”为子辈取名。这首八言诗包含着浓重的儒家思想，从书面上确立了海宁查氏的家风。

查氏开始是崇武的，春秋时始祖查延因战功显赫封侯查地而得姓，但后因族小，人丁不多，经不住杀伐中人丁的折损，在宋一代，专门订立了排武崇文、“读书为本”的祖训家规，在战乱来临时不停地以迁徙来谋生存。婺源始祖，查氏五十始祖查文征创办了家塾“山房道院”，并定了“教诲尔子，以穀似之”的重教祖训。查氏迁海陵郡（今江苏泰州）的始祖查许国，设立祠堂“海陵堂”，堂上楹联为“拔望族于贤科，振儒风以经学”，

①《家训：嘉兴望族的“传家宝”》，http://www.wenming.cn/wmzh_pd/fw/mjjy/201404/t20140411_1863651_1.shtml。

横批为“传家荆楚”，这都表明当时的查氏已立下了“以儒为业”“诗礼传家”的崇文不崇武的门风。

二、海宁查氏家风对后人成长成才的影响

海宁查氏，在明清两代时科甲鼎盛，人才辈出，成为江南有数的“文宦之家”。“据明清两代海宁查家人口研究表明：查氏获得生员（秀才）资格人数为800余人，考取进士、举人、贡生者共133人。明代以进士及第者有6人；乡试考中举人者有17人。清代考中进士者有15人，乡试中举者有59人。”[①] 尤其是在清康熙年间，查家10余人考取进士，5人进入翰林院，查家因此有了“一门十进士，叔侄五翰林”之美誉。据传康熙帝有感于查家的这种文翰之风，题写了“唐宋以来巨族，江南有数人家”的对子，皇家的褒奖从此铭刻于海宁查氏宗祠的门楹上。

后因查继佐湖州庄家“明史”案以及查嗣庭江西科场试题案两场文字狱的磨难，海宁查氏元气大伤，从此盛极转衰，终雍正一朝无一人出仕，直到乾隆十九年才有人中进士。从此以后，查家不再把重心放在科举上，而是专注于文学与藏书，培育出了一个新的查氏家族诗人群体，组成了一个庞大的家族图书馆。直到近现代还出现诸多大师级的名家，如武侠小说泰斗金庸（查良镛），诗人穆旦（查良铮），教育家查良钊、查良鉴，“纺织大王”查济民等。

金庸（1924—2018），原名查良镛，1959年创办《明报》，用两支健笔——“武侠小说之笔和社评之笔”打出了自己的天下，发展为香港报业巨子。20世纪七八十年代始，成为香港文化界举足轻重的人物，参与了香港众多重大政治文化事件，受到过国家领导人邓小平、胡耀邦、江泽民的接见。曾任香港特别行政区基本法起草委员会委员，浙江大学人文学院院长、教授、博士生导师。

海宁查家悠久的藏书文化与良好的读书家风对金庸的成长起到了非常大的作用。海宁查家的藏书十分丰富，“查氏藏书”在浙西一带很有名

① 余世存：《家世》，北京时代华文书局2014年版，第94页。

声。金庸曾回忆说："家中藏书很多，我幼时虽看不懂，但找书却方便；而且不单有古书，也有新书，因为我的伯父、父亲、兄长都是大学毕业生。我自小与书为伍，培养出喜欢读书的基本性格，加上长辈的文化修养好，家里房产亦丰，生活不愁，家人间的活动也很文雅，闲来多是下棋、看书……"①

金庸的祖父查文清，是海宁查家的最后一位进士，曾任江苏丹阳知县，后因"丹阳教案"主动辞官。祖父的故事，使金庸明白了外国人欺负中国人的事情，并鞭策他要多读书。早在八九岁时，金庸便发奋博览群书，除了传统的经史子集，更沉迷于野史传奇等"课外书"。父亲、兄长购置的邹韬奋所著《萍踪寄语》《萍踪忆语》等世界游记及其主编的《生活周报》，开拓了少年金庸的阅读视野。而"新文派"始祖、言情小说家顾明道的《荒江女侠》和平江不肖生的《江湖奇侠传》《近代侠义英雄传》，对金庸后来的武侠小说创作影响深远。

金庸的父亲查懋忠（查枢卿），毕业于上海震旦大学，受过西洋教育，家中藏书很多，也经常痴迷于读书、看报。父亲好学不倦的精神，给金庸留下了深刻的印象，也培养了他对书籍的爱好。在与池田大作的对话中，金庸曾说："我父亲是位热心的小说读者，家中藏书相当多。因为地主的身份，平时没有什么工作，空闲很多，可使用的钱也多。大家都买了各种各样的小说……我家和各位伯父、堂兄、堂姐等人所拥有的书是相互流通的，大家借来借去。所以我在小学期间，读过的小说就已不少。我父亲、母亲见我一天到晚地看书，不喜欢游玩运动，身体衰弱，很是担忧，常带我到野外去放纸鹞、骑自行车，但我只敷衍了事地玩一下，又去读小说了。"②

在2008年撰文纪念《文汇报》创刊70周年时，金庸曾回忆说："那时候我刚九岁，识不到几个字，却开始读报了。我爸爸在家里订阅《申报》、《新闻报》、《大公报》、杭州的《东南日报》，以及刚出版的《文汇报》。我最初阅读的是《新闻报》上连载的《荒江女侠》小说，沉迷在武侠故事之中。大概这是我后来以武侠小说为写作重点的原因了。"③

① 冷夏、辛磊：《金庸传》，湖北人民出版社2008年版，第7页。
② 费勇：《金庸全传》，华夏出版社2008年版，第14—15页。
③ 蒋连根：《江南有数人家：金庸和他的家人们》，人民日报出版社2014年版，第66页。

第五章　效力国家：爱国报国在浙江名人家风中的表达

爱国是我国优秀传统道德的价值核心，是中华民族赖以生存和发展的精神支撑。爱国精神是我们中华民族最宝贵的历史遗产，是中华传统文化中最宝贵的部分。中华民族的爱国主义传统源远流长。《左传》中即申述过“临患不忘国”和“苟利社稷，死生以之”的思想。《汉纪·惠帝纪》中还提出了“爱国如家”的理念。

在中国传统文化中，国与家是不可分割的。家国情怀的内涵之一是家国同构，家庭意识与国家意识是密不可分的。重视家庭，增强家庭意识，体现在对家庭的勇于担负义务和责任上。由家及国，增强国家意识与认同，体现在对国家的责任意识和担当精神上。有国才有家，爱国才能爱家。爱国既是一种自然的情感，又是一种行为准则，它教人正确认识和对待个人与国家之间的关系，强调公忠为国，以国家利益为一切行动的出发点。中华民族的优秀传统文化是孕育爱国主义的沃土，中华民族是一个伟大的民族，它虽历经磨难，却表现出极其强大的生命力，进而焕发出更大的生机。历代中华儿女无不对家国怀有拳拳之心，他们以国为家，展现了深厚的爱国精神。

在中国历史上，曾经涌现出无数的爱国志士和英雄。屈原虽遭放逐，但仍眷恋楚国，心系故土，以祖国兴亡、人民疾苦为念，书写爱国诗篇。陆游盼望统一，临终抱恨，“死去元知万事空，但悲不见九州同。王师北定中原日，家祭无忘告乃翁”。岳飞精忠报国，驰骋沙场。文天祥领兵抗元，战败被俘，写下“人生自古谁无死，留取丹心照汗青”的千古绝句，慷慨赴死。近代以来，中国人民不畏强暴，前赴后继，在反抗外来侵略和压迫时同仇敌忾，万众一心。他们在烽火连天的战争年代，国破家亡的危难时刻，背负民族大义救亡图存，谱写了一首首可歌可泣的爱国诗篇。

爱国在不同的社会制度和不同的历史时代，具有不同的思想内涵。在古代，爱国主要体现为反对分裂，抵御外侮，维护祖国统一和民族团结；在近代，爱国主要体现为反抗外来侵略，救亡图存，建立社会主义新中国；在当代，爱国主义鲜明的主题则是实现中华民族伟大复兴的中国梦。

浙江名人名家的家风家训中，包含着许多爱国报国的精彩表达与实践践行，是指引我们效力国家的精神食粮。如吴越钱氏的“利在一身勿谋也，利在天下必谋之”、范仲淹的“以天下为己任”、陆游的“忠贞爱国，忧国忧民”、于谦的“石灰风骨，煤炭精神”、英桥王氏的“守卫家国，尽忠体国”等。

第一节　利在一身勿谋也，利在天下必谋之

一、钱镠与《钱氏家训》

钱镠（852—932），字具美（一作巨美），小字婆留，杭州临安人。钱镠出生于一个普通的山村农家，家族世代以渔耕为业。他从小喜武厌文，长大后身材矫健，力大过人。21 岁时投军，因有勇有谋，不断得到提拔。后因受唐朝皇帝之诏，征讨逆军董昌有功，得到唐昭宗的表彰，特赐“金书铁券”，即俗语所谓“免死牌”，上有“恕卿九死，子孙三死，或犯常刑，有司不得加责”等语，这在封建时代可谓家族最高的殊荣。之后，钱镠升任镇海节度使，后又不断被封为越王、吴王、吴越王，逐渐占据两浙十三州。

在五代十国的战乱年代，钱镠以人为本、保境安民、休养生息、繁荣经济、造福地方，使吴越国富甲江南，奠定了杭州作为“人间天堂”“丝绸之府”的基础，被今人称为“杭州之父”。当时中原朝廷政权更迭频繁，皇帝在位久的不过十多年，短的只有三四年。53 年间，换了 13 个皇帝。

钱镠很好地处理了与朝廷的关系，不管谁当皇帝，他都甘心称臣纳贡，奉行“保境安民”“善事中原”的国策，保证了吴越国一方的太平，并将其作为家训留给子孙。钱镠父子开创吴越国，连续三代五主均被中原王朝封为国王，成为王族。

钱镠修身治家十分谨严，他自备“起居注”，又两度订立治家“八训”“十训”（即“武肃王八训”“武肃王遗训”）。“武肃王八训”是钱镠于乾化二年（912）正月订立。家训以晋代以来大族衰亡为鉴，“上承祖祢之泽，下广子孙之传”，体现了“金书铁券”的免死牌下的严格家教。钱镠辞世前又作十条“遗训”晓谕子孙。《钱氏家训》为钱镠的孙子忠懿王钱弘俶总结钱镠“起居注”所作，经后人不断完善，成为一部饱含修身处世智慧的治家宝典。《家训》分个人、家庭、社会、国家四个篇章，思想植根深厚，含义博大精深，是钱氏家族的珍贵历史遗产，也是钱氏家族人才辈出的传家宝。

“个人”篇，有“心术不可得罪于天地，言行皆当无愧于圣贤”“持躬不可不谨严，临财不可不廉介，处事不可不决断，存心不可不宽厚”；“家庭”篇，有“欲造优美之家庭，须立良好之规则”“子孙虽愚，读书须读”“娶媳求淑女，勿计妆奁。嫁女择佳婿，勿慕富贵”“勤俭为本，自必丰亨，忠厚传家，乃能长久”；“社会”篇，有“不见利而起谋，不见才而生嫉”“小人固当远，断不可显为仇敌。君子固当亲，亦不可曲为附和”；“国家”篇，有“执法如山，守身如玉，爱民如子，去蠹如仇。严以驭役，宽以恤民”“利在一身勿谋也，利在天下必谋之”；等等。

二、钱氏家风的形成及承继

像许多成功人士一样，钱镠在霸业成就之初，也曾经志得意满，贪图享乐，在家乡造起华丽的房屋，宴请家乡父老，唱起《还乡歌》。但他的父亲钱宽却“走窜避之”，钱镠单身布衣来见父亲，问他为什么要避他。父亲对钱镠说：“我们钱家世世代代以渔耕为业，从来没有如此富贵过。如今你是十四州之主，与人争利，我不想见你，是怕哪一天你会给全家带来杀身之祸。”就是父亲这番朴实的训诫，使钱镠幡然悔悟，并在今后的为政与生活中，时时记取父亲的告诫，不敢忘失。他召集家人，告诫大家不得恃宠而骄，违法乱纪，同时颁布了八条家规，即《武肃王八训》，要求大家必须铭记于心，严格执行。“莫欺孤幼莫损平民”，“莫广爱资财，莫食人财物，教人勤耕种，岁岁自得丰盈”。钱镠以早年艰苦朴素、勤政为民的作风，以身作则，励精图治，使得吴越国走上了富裕的道路。

唐天祐以后，中原形势动荡多变，各方藩镇先后改元称帝，也有人劝钱镠称帝，但钱镠非常清醒，认为“要度德量力而识时务”，实行“保境安民”“善事中原”的政策。“免动干戈，即所以爱民也。”（《武肃王遗训》）“世方喋血以事干戈，我且闭关而修蚕织”，他一心一意发展经济，以前无古人的热情和气魄，兴修水利，劝民农桑，开拓贸易，使境内出现了五谷丰登、百业鼎盛的景象，使吴越之地成为全国最富庶的地方，“上有天堂，下有苏杭”的美丽富饶景象由此奠定了基础。钱镠即使在临终之时，也谆谆告诫他继位的儿子钱元瓘：我们钱家的子孙后代，一定要善事中原王朝，千万不能因为中原王朝改朝换代而改变我们小国应守的礼节。所谓“凡中国之君，虽易异姓，宜善事之”（《武肃王遗训》）。这一遗训，最终直接影响了他的孙子钱弘俶“纳土归宋”，使万众百姓免遭生灵涂炭的战乱之苦。吴越王经历三世五王，基本都实现了平稳的过渡，境内百姓因此得以安享太平。吴越国也成为五代十国中政局最为稳定，享国时间最长的政权。这都得益于钱镠严谨的家训。

钱氏后人秉承祖训，绍续家风，绵延文脉，造就了吴越钱氏一门世代家风谨严、人才兴盛的传奇。钱氏家族始终一脉书香绵延，代有人才涌现。自唐末历五代，又经北宋至南宋，400 年间吴越钱氏始终“位极人臣”，封郡王、国公者 20 余人，封侯拜相、入仕内阁者，将近百人。宋朝皇帝称“忠孝盛大唯钱氏一族”。就连清乾隆帝也感佩其家族教子有道，在南巡时御赐“清芬世守”匾额。到了近代，钱氏一族更是呈人才“井喷”之态，文坛硕儒、科技巨擘云集，海内外“院士”子弟数以百计，有“一诺奖、二外交家、三科学家、四国学大师、五全国政协副主席、十八两院院士”之说，吴越钱氏家族因而被誉为“千年名门望族，两浙第一世家”。清代乾嘉学派的代表人物钱大昕，当代政治家钱其琛，学者钱正英、钱锺书、钱穆，科技界“三钱”钱学森、钱三强、钱伟长等都是钱氏后人中的知名代表人物。

第二节　以天下为己任

一、范仲淹与范氏家训家规

范仲淹（989—1052），字希文，苏州吴县人，北宋政治家、军事家、文学家、教育家，谥号“文正”。范仲淹两岁丧父，母亲改嫁进士朱文翰，范仲淹也改从其姓，取名朱说，29 岁时始归宗恢复范姓。曾寄居在长山醴泉寺（今山东邹平县南）刻苦读书，又在南都学舍苦学五年，“大通六经之旨，为文章论说，必本于仁义孝弟忠信”。27 岁时考中进士，由此开始了他的仕途生涯。历任兴化县令、秘阁校理、陈州通判、苏州知州、陕西经略安抚招讨副使等职，后官至参知政事（副宰相）。他主持的庆历新政，后来成为王安石变法的前奏；他对某些军事制度和战略措施的改善，使西线边防稳固了相当长时间；他逐步推进教育变革，为国家选拔了大批实用人才，经他荐拔的一大批学者，为宋代学术鼎盛奠定了基础。

在范仲淹的仕途生涯中，他曾先后三次到浙江，分别在睦州（今建德梅城）、越州（今绍兴）、杭州任知州，为官时间虽不长，但他在浙期间做了很多好事，留下许多政绩，也留下了很多不朽的文学作品。

范仲淹宦海沉浮近 40 年，无论得势还是失意，都一心为国为民，忠心耿耿，从不计较个人得失，只坚持一个原则：是否利国利民。欧阳修评价说：“公少有大节，于富贵贫贱，毁誉欢戚，不一动其心，而慨然有志于天下。”在布衣时为名士，在州县为能吏，在边疆为名将，在朝廷又为良相。他被同时代的人称为“本朝人物第一”，朱熹更是尊其为“天地间第一流人物”。

范仲淹不仅在政坛上叱咤风云，在文坛上堪称一代宗师，而且为整个范氏家族塑造出了自强不息的风骨，奠定了一个家族传承不绝的根基。范仲淹治家甚严，老年时拿出全部积蓄，在苏州附近购置 1000 余亩田产兴建“义庄”，亲定《六十一字族规》和《义庄规矩》，并专门写《诫诸子书》教育子弟，后代依其训导整理形成了《范文正公家训百字铭》，教导儿孙后代做人要正心修身、积德行善，教导族人要和睦共处、相扶相助。

四川罗江范家大院为范仲淹后裔聚集地，罗江县范氏族人谨遵祖训，不断完善，将范仲淹“先忧后乐”的家国情怀和“谦恭自律”的仁人志士节操融化到族人的日常规范中，并由此制定了《范氏家规》十三条、《新定族规》十条和《范氏传统家风》八条，其内容涉及子孙教育、婚丧嫁娶、礼义廉耻、产业管理、行善布施、奖惩考核等方方面面，要求“凡我范氏族人,以上美德务必代代相传,以保持并发扬我范氏源远流长的优良作风”。

二、范仲淹“先忧后乐”的家风彰显

不以物喜，不以己悲；居庙堂之高则忧其民；处江湖之远则忧其君。是进亦忧，退亦忧。然则何时而乐耶？其必曰：“先天下之忧而忧，后天下之乐而乐”乎。

——范仲淹《岳阳楼记》

1046年，范仲淹应老朋友滕子京的邀请，写下了堪称千古绝唱的《岳阳楼记》。“先天下之忧而忧，后天下之乐而乐”，诠释了范仲淹以天下为己任，以利民为宗旨，积极进取的思想精髓，为后世无数立志“养天地正气，法古今完人”的仁人志士所仰慕和效仿。他倡导的“先忧后乐”思想和仁人志士节操，是中华文明史上流光溢彩的精神财富。

范仲淹是个流芳千古的好官，无论得势还是失意，无论在朝主政还是出帅戍边，均系国之安危、时之众望于一身，为国为民，忠心耿耿。他出身贫苦，两岁时父亲去世，母亲带着他改嫁。十多岁时，范仲淹住在长山醴泉寺的僧房里，昼夜苦读。每天煮一锅稀粥，等它凝成冻子以后，用刀划成四块，早晚各取两块作主食。后世传为佳话的“断齑画粥”的故事，就由此而来。

范仲淹出身穷苦，当了大官，却从未理直气壮地要给自己、给家人什么补偿，他对物质的要求很低，要求家人也这样，一心只为国家、百姓着想。他教育子女一定要好好学习，哪怕是在艰苦的环境下；要胸怀天下，以天下为己任，以天下百姓的忧乐为忧乐；还要无私奉献，把自己的才华奉献给社会，救助天下的贫困人。他是这样说的，也是这样做的。有一个故事说，范仲淹回到苏州后，买了一块地皮，准备自己盖房屋。盖房之前，请风水先生看了。风水先生看后高兴地说，这块地风水很好，在这块地皮上盖了房子的人家，今后世代都会出大官。范仲淹听后表示：如果真是这样，好处不能让范家一家独得。于是，他把这块地皮捐出来，造了一座学堂。

范仲淹有四子：纯祐、纯仁、纯礼、纯粹。四个儿子皆德才兼备，当了朝廷重臣，口碑极好。次子范纯仁后来曾两度官至宰相，他写下“惟俭可以助廉，惟恕可以成德”的家训，是对范仲淹“先忧后乐”精神的一脉相承，也是范氏一门的官风与家风。一次，范仲淹让次子范纯仁自苏州运麦至四川。范纯仁回来时碰见熟人石曼卿，得知他逢亲之丧，无钱运柩返乡，便将一船的麦子全部送给了他，助其还乡。范纯仁回到家中，没敢提及此事。范仲淹问他在苏州遇到朋友了没有，范纯仁回答说：路过丹阳时，碰到了石曼卿，他因亲人丧事，没钱运柩回乡，而被困在那里。范仲淹立刻说道：“你为什么不把船上的麦子全部送给他呢？”范纯仁回答说：“我已经送给他了。”范仲淹听后非常高兴，并夸奖他做得对。

“积金于遗子孙，子孙未必能守”，范仲淹至晚年“田园未立”，没给子孙留下什么物质财富，但他留下了“先忧后乐”的思想。范仲淹对“小我”与“大我”，“物质”与“精神”，“享受”与“奉献”的处理，为后世所景仰。

第三节　忠贞爱国，忧国忧民

一、陆游诗教与《放翁家训》

陆游（1125—1210），越州山阴（今浙江绍兴）人，南宋著名的文学家、史学家、爱国诗人。陆游生活的时代，正值金兵南侵，中原大片国土沦陷。而南宋朝廷却始终以妥协、求和为基本国策，偏安一隅，骄奢淫逸，毫无斗志。面对国势衰微、外敌入侵、金瓯残缺、生灵涂炭的艰难时局，陆游感时抚事，用诗歌表现了对国家、对民族命运的热切关注。他终其一生坚持抗金主张，虽多次遭受投降派的打击，但渴望收复中原的信念始终不渝。

陆游一生写诗上万首，流传至今的有9300多首，是我国历史上现存诗篇最多的诗人。在他的诗歌中，忧国与忧民的思想总是自然交织在一起，强烈的忧患意识、崇高的人格和坚定的信念，构成了他诗歌最典型、最强烈的主旋律。因在诗歌中所展现出的尚武思想和民族精神，他被后人誉为“亘古男儿”。

陆游很重视子女的教育，一生写了100多首教育孩子的诗歌，他以这种形式来传递勤学俭朴、报国忧民的家风。“死去元知万事空，但悲不见九州同。王师北定中原日，家祭无忘告乃翁！”这首《示儿》诗作于宁宗嘉定三年（1210），为陆游的绝笔之作，相当于他在临终前留给儿子的遗嘱。陆游一生致力于北伐抗金和收复失地，虽频遭挫折但始终未改初衷。在弥留之际，他嘱咐着儿子，当皇朝的军队收复中原的时候，不要忘记把这一大好的消息告诉他，以求了结一桩重大的心事。在短短的篇幅中，陆游执着、深沉、热烈而又真挚的爱国之情跃然纸上。应该说，《示儿》已非一般意义上的临终嘱托，它可以寄语于普天之下所有爱国的子孙后代，去完成前辈们未竟的事业。

此外，《放翁家训》是陆游的一部家训专著，共26则，由两部分组成，前一部分写于40多岁，后一部分写于80岁左右。在家训中，陆游教育子孙要正确对待物质利益，不得贪得无厌；要礼貌待人，注重自身修养；要严于律己，宽以待人，注重学习；要耕读为本，不要追求高官厚爵；丧事从简，不可铺张浪费；等等。《放翁家训》是陆游结合自己的切身经验写成，其中最突出的思想是教育子孙要继承清白家风，做清白人，不要当官，专心耕读，做乡中君子。

二、陆游家风中爱国思想的凝练

陆游是南宋伟大的爱国诗人、主战派。在高宗时参加礼部考试，但因受秦桧排斥而仕途不顺。孝宗即位后，赐进士出身。乾道七年（1171），应四川宣抚使王炎之邀，投身军旅。晚年时罢官归居故里山阴。陆游一生坚持抗金主张，虽多次遭受投降派的打击，但爱国之志始终不渝，死时还念念不忘国家的统一。

陆游出生的年代，金兵入侵、北宋灭亡、兵荒马乱，陆游自一出生便深切感受着国破家难保的家庭教育。他从父辈身上所感受到的家风，更是充满了悲愤的亡国之恨。陆游的父亲陆宰曾在北宋为官，他为人正直，坚持气节，不畏权贵。早在北宋末年，陆宰敢对权倾朝野的蔡京的劣行表示愤慨。南渡后，在宋金关系问题上，他力主对金宣战，遭到投降派权相秦桧的嫉恨和排斥。在被迫退居山阴后，陆宰也未尝忘怀国事，常常为政局维艰辗转反侧、食不知味。在陆宰的周围团结了一批爱国志士，他们经常聚在一起谈论国事，每当谈到金人进犯、朝廷危难时，便个个慷慨激昂，痛哭流涕，急切希望能有舍身报国的机会。同时他们对刚刚成立的南宋王朝的懦弱无能和奉行投降卖国路线极为愤慨，在交谈中充满了对奸臣误国的叹息、对收复失地的期盼。这一幕幕活生生的事例对青少年时期陆游爱国思想的熏陶与培育产生了直接的影响。可以说，陆宰这种素来关心国事的格调以及有血性的爱国之志，在潜移默化中使陆游在少年时代就树立了“扫胡尘”“吞残虏”的爱国主义思想。

如果说陆宰对陆游的影响主要是通过“身教”，那么陆游对其子女的影响除了“身教”之外，还体现在“言传”。他一生留下家训共26则，从40多岁开始写，直到80多岁仍在不断增补，其主要内容包括爱国、廉洁、勤奋、简朴、为善、宽容等。此外，他还写了100多首教育孩子的诗歌，通过诗教的方式来教子做人、为官与做学问，教导子孙勤劳俭朴、忧国忧民，《示儿》《冬夜读书示子聿》《送子龙赴吉州掾》等都是其代表作，他经常告诫子女们说：“但愿你们长大成人之后，于国有用，于家尽责，于义无暇，于德不亏。”

晚年的陆游生活较为贫寒，子孙三代几十口人住在已有几十年历史的破旧的三山别业里，但即使这样他也从不做个人的营生打算，仍以国事为忧。嘉泰三年（1203），著名词人、爱国主战人士辛弃疾来陆游家乡山阴做父母官，二人因共同的人生理想和文学情趣结下了深厚的友谊。当他到三山造访，看到陆游住的房子年久失修、十分简陋时，提出想给陆游另筑新舍，但陆游一直没有接受。嘉泰四年（1204），辛弃疾奉诏入京，商讨国事，陆游写了《送辛幼安殿撰造朝》为辛弃疾送行，希望他能珍惜机会，展其抱负，在抗金事业中建功立业，有所作为。提醒他凡事应以北伐大业为重，胸怀天下，不必计较个人恩怨私仇；要同仇敌忾，共同完成一统河山的伟大事业。

陆游山居农村 20 年，贫苦交加，但仍时刻不忘收复中原。开禧二年（1206），宋金第三次作战，陆游此时已是 82 岁高龄，当他听到伐金消息时，兴奋地把自己幻想成一匹久经沙场的老马，“一闻战鼓意气生，犹能为国平燕赵”，时刻准备效力军前，为北伐贡献最后的力量。临终前，陆游对未能见到祖国统一深为遗恨，“死去元知万事空，但悲不见九州同”，他对祖国的爱和对民族命运的关注，已然超越了生与死的界限。

第四节　石灰风骨，煤炭精神

一、于谦的“石灰风骨”与“煤炭精神”

于谦（1398—1457），字廷益，号节庵，浙江钱塘（杭州）人，明朝名臣。24 岁时考中进士，翌年被任命为都察院山西道监察御史，此后他在仕途上青云直上，一直做到一品大员。因参与平定汉王朱高煦谋反有功，得到明宣宗器重，担任山西河南巡抚。明英宗时期，因得罪王振下狱，后释放，起为兵部侍郎。“土木之变”后英宗被俘，在民族与国家危难中于谦挺身而出，受命为兵部尚书，他议立景帝，亲自率兵固守北京，击退瓦剌，加封少保。英宗复辟后以“谋逆罪”将其诬杀，终年 60 岁。

于谦遭冤杀后，逾年归葬杭州西湖三台山麓，弘治年间被追谥“肃愍”，万历年间改谥“忠肃”。于谦与岳飞、张苍水（煌言）并称“西湖三杰”，清代诗人袁枚曾诗云：“赖有岳于双少保，人间始觉重西湖。”于谦一生为官廉洁正直，曾平反冤狱，救灾赈荒，深受百姓爱戴，“石灰风骨”和“煤炭精神”是支撑其从政道德体系的两大支柱。

于谦出身于官宦世家，他的父亲于仁正直仁厚，看到当时官场上的黑暗，不愿同流合污，立誓“隐德不仕”。于家从于谦祖父起就开始供奉文天祥的画像，受此影响，青少年时期的于谦也极为仰慕文天祥宁死不屈、舍生取义的高尚节操，长大后为文天祥画像撰写赞词，悬挂在自己的座旁，赞词说：“……孤忠大节，万古攸传。载瞻遗像，清风凛然。”祖父辈忠直忠义、淡泊明志的品格影响着于谦的人格养成，其 17 岁即写下名垂千古的《石灰吟》：“千锤万凿出深山，烈火焚烧若等闲。粉骨碎身全不怕，要留清白在人间。”这首诗成了于谦一生的写照。于谦居官 35 年，一直兢兢业业，不贪私利，将一世清白留在了人间。与《石灰吟》堪称姐妹篇的《咏煤炭》则表明了于谦决心像煤炭那样，牺牲自己，为国家为百姓贡献全部的光和热：“凿开混沌得乌金，藏蓄阳和意最深。爝火燃回春浩浩，烘炉照破夜沉沉。鼎彝元赖生成力，铁石犹存死后心。但愿苍生俱饱暖，不辞辛苦出山林。”

于谦教育儿子也非常严格，对儿子于冕寄予了厚望。1436 年，在于冕 13 岁生日时，于谦作《示冕诗》来告诫儿子努力上进、勤勉做人，不要辜负青春年少的大好时光：“阿冕今年已十三，耳边垂发绿鬖鬖。好亲灯火研经史，勤向庭闱奉旨甘。衔命年年巡塞北，思亲夜夜梦江南。题诗寄汝非无意，莫负青春取自惭。”于谦本人成了历史上著名的英雄，儿子于冕亦“居官有干局”，没有辜负父亲对他的教育和期望。

二、于谦的家风形成及传承

于谦的父亲于仁没有选择入仕，终其一生没有踏上朱明王朝的官场，隐居家中，孜孜于研习经史。于仁为人沉毅方正，好义乐施，常常周济穷人，虽多不吝。于仁虽然隐德不仕，但继承了于氏家族历史中“修身、齐家、治国、平天下”的文化传统，对长子于谦能绍承世业、连接家族传统给予了很高的期待。由于父亲于仁的希望和期待，于谦从小笃学不倦，少时就悉通经书，在街坊邻居中颇负文名。其阅读兴趣更多地偏重于先秦、两汉的书籍和诸葛亮、苏轼的作品。先秦、两汉史籍中古今治乱兴亡的道理、诸葛亮作为古代贤臣的典范以及苏轼无论处于何种境遇都能以“兼济天下”为己任的态度，都为于谦日后成为杰出的贤臣奠定了坚实的基础。除了诸葛亮和苏轼外，苏武、岳飞、文天祥等也都是于谦敬仰的英雄，于谦的诗集中就有许多有关他们的篇章，如《苏李泣别图》、《题苏武忠节图》六首、《钱塘岳忠武王祠》等。

于谦除了对儿子有认真研读经史、不虚度年华的谆谆教导以外，在为官与从政上也潜移默化地引导与影响着于冕。“土木之变”后，于谦和石亨等率军将瓦剌军大败于德胜门外，后石亨被封为世袭侯爵，而于谦反而未得。石亨因功不如于谦而得封侯爵，心存惭愧，于是荐举于谦之子于冕。朝廷授于冕府军前卫副千户之职。于谦力辞，后不得已受命。于冕进京赴职时，于谦勉励他砥砺名节，报效国家。

在为官与从政方面，除了德、能、勤、绩等方面的影响，于谦的清正廉洁、“两袖清风”也影响着仕途中的于冕。巡抚晋豫 18 年间，于谦每次进京总是空囊示人，不携任何礼物作交际之资，“清风两袖朝天去，免得闾阎话短长”。他身居要位，但自奉简约，一辈子食不重味，衣不重裘，乡庐数椽，薄田数亩。英宗复辟后，派人抄没于谦居所，竟然搜不出任何财产，只有正室上一锁，室内只有景帝当年赐给他的蟒衣、剑器，别无他物，连要置他于死地的英宗也不胜唏嘘。

于谦冤案昭雪后，于冕得以复官，又请改文资，授兵部员外郎。后任礼部郎中，升南京太仆寺少卿，迁应天府尹，晚年归休钱塘故里。于冕一生以修谨廉介著称，史书记载，于冕“聪达，好学知礼，小心勤恪，善处兴废，既构家难，放徙穷边，而能闭门却扫，以读书纂言为事，故虽罹忧患疾，而声问不聩。后起谪籍，官两京，所在以修谨称，盖无愧名家子云”。于冕延续和传承的不仅是于氏家族的血脉，更重要的是一种家族的精神和人格。[①]

---

① 钱国莲：《风孰与高——于谦传》，浙江人民出版社 2006 年版，第 220—221 页。

第五节　守卫家国，尽忠体国

一、英桥王氏与《王氏族约》

英桥王氏，是明清时期温州地区的一方望族。据《英桥王氏族谱》记载，王氏肇始于琅琊，宋迁永嘉，其里曰英桥。自始迁祖万十一公王惠根植此地，已传承29代。

明代初期，英桥王氏所在永嘉盐场，地处海防前沿，屡有倭匪侵袭，抗倭首领王沛、王德叔侄牺牲。后来由王叔果、王叔杲兄弟会同族中父老费时11个月捐7000余金修建成永昌堡，用于抵抗倭寇入侵，这是当时沿海重要的抗倭重地，永昌堡由此开始闻名于世。王叔果（1516—1588），字育德，号西华，嘉靖二十九年（1550）中进士，授兵部职方司主事，曾任广东按察副使。王叔杲（1517—1600），字阳德，号旸谷，嘉靖四十一年（1562）中进士，历任常州府靖江县令、常熟知县、大名府知府、苏松常镇四郡兵备副使、右参政等职。

永昌堡是明代全国唯一的私家抗倭古堡，堡内人民曾8次胜利地抗击了倭寇的侵略，体现了中华民族团结抗倭的爱国主义精神和不怕牺牲的高尚品格。作为浙江仅存的两座民建古代城防堡垒之一，永昌堡被列为国家级重点文物保护单位、省爱国主义教育基地、省国防教育基地和省科普教育基地。

英桥王氏家族学风浓郁、人才辈出，历数百年而不衰。英桥王氏家族科名辉赫，盛于明清。自明代弘治以来，涌现状元、传胪、进士13人，举人副榜15人，庠生近千人。时至今日，英桥王氏家族依然人才济济，教授、专家数十人服务于社会各个领域，成绩显著，如电机专家、曾任浙江大学代校长的王国松先生，著名戏曲学家、中山大学教授王季思先生等。

《王氏族约》为英桥王氏八世祖王澈所编著。王澈（1473—1551），王叔果、王叔杲之父，明正德八年（1513）中举人。初授礼部司务，升兵部武库司郎中，累官福建布政司左参议。嘉靖十八年（1539）辞官告归后，在故里修葺始祖墓，建王氏宗祠，重修族谱，制定《王氏族约》以敦家风。

《王氏族约》囊括祠仪、馂仪、简任、记考、汇训、冠婚、丧祭、内治、嘉言、善行等10部分，共12000多字。主要包括六大内容：对家族成员敦宗睦族的训诫；对子弟处世、为官的训诫；对子孙俭勤持家的训诫；对子孙修身为善的训诫；对处理家族、家族成员与国家关系的训诫；家庭治理与婚嫁的要义。

《王氏族约》的家规家训不仅有硬性规定，也有劝勉训诫，讲明事理，告诉族人应该怎么做。“嘉言”“善行”两部分均以古代圣贤的格言、事例来说明做人、修身、养生、治家的道理，令人信服。《王氏族约》不仅有严厉的约束处罚机制，还重视精神褒奖，如对行善举者，不限贫贱，均载录于族谱中颂扬；反之，有行不义者，则据实在族谱中记录警示。因《王氏族约》功效卓然，永嘉县和温州府为敦正民风而对其鼎力举荐，并将其上升为官方推崇的“宗法”范本向全府县推行。

二、英桥王氏“守卫家国，尽忠体国”的鲜活案例

明代英桥王氏组织乡间民众连续八次击败倭寇侵扰，抗倭首领王沛、王德叔侄殉难。王叔果、王叔杲兄弟为此发动乡亲捐资建堡抗倭，迁军队入堡，军民联防，为历代先例。

明代的倭寇在嘉靖时期是一个足以对国家安全构成威胁的外患，位于东南沿海的温州在当时也遭到了严重的侵扰。据《东嘉英桥王氏族谱·年表》记载，在嘉靖三十年（1551），王氏家族就已经聚兵防御倭寇。次年，在王沛及族侄王德的组织下，王氏乡兵真正被组织起来。王沛是王澈的三弟。

王沛召集乡族子弟，对他们说：“海上经常有盗贼出现，他们如此猖狂，大肆掠夺我们的家园，我们深受其害，这里是我们的家，这里供奉着我们的祖先，所以我们没有别的出路，只有大家聚在一起共同抵抗才是出路。”大家听了都表示赞同，决定都听命于王沛，纷纷捐资捐物，建立防线对抗倭寇，以保家园。

王德是王沛的族侄，他有着丰富的军事经验，在抗击倭寇中发挥了重

要的作用。参加抵抗的乡兵中，以王姓子弟为主，另有其他姓氏的百姓加入。平时演习，潮汛时聚集在宗祠，以作守防。嘉靖三十一年（1552）四月二十日，倭寇由瑞安港进入永嘉，王沛及王德即率领乡兵前驱，倭寇知道后赶紧上船逃走。嘉靖三十五年（1556）十月，倭寇由南溪进抵龙湾，乡兵迎击，此次战斗“斩其酋以下十有六人，俘十有四人，夺其旗鼓与其骑二十有五人，又拔其所虏男妇来归者百余人”。第二年，他们又在梅头歼斩倭寇七人。

接连两次胜利使人心备受鼓舞。但胜利也使人们头脑中的危机意识有所松懈。当时，王叔杲提议进一步加强防御，建议根据地势建立一个城堡，进可攻，退可守，但是除了一两个有识之士外，并没有得到众人的响应。

嘉靖三十七年（1558）四月，倭寇再次入犯。六日，乡兵在梅岭被围，王沛及乡兵数十人被杀。半个月后，王德率领乡兵轻锐往援郡城，行至金岙中伏，亦战没。在遭受如此惨重的失败后，乡兵已无力再战，可敌人气焰嚣张。直至此时，人们开始重新考虑王叔杲筑堡的建议。

当年十一月，永昌堡开始修筑，经历近一年的时间，到次年十月份建成。筑堡花费巨大，除了部分向民众筹集之外，大部分由王叔果、叔杲兄弟自掏腰包。此外，为了使永昌堡保持样貌并能充分发挥其抵御功能，王叔杲把城堡周围的空地以数倍价格买下，储备了公田以保障修理及防守的费用。

永昌堡内人民先后 8 次胜利地抗击了倭寇的侵略，它所体现的中华民族团结抗倭的爱国主义精神和不怕牺牲的高尚品格是我们受之无穷的精神财富。

第六章　勤于职业：敬业勤业在浙江名人家风中的提炼

中华民族历来有崇尚“敬”及“敬业”的传统，在中华民族的精神文明发展史上，吃苦耐劳、艰苦奋斗历来被视为最伟大最珍贵的品质之一。自古以来，有关敬业勤业的例子举不胜举：“大禹治水，三过家门而不入”；“王猛为相，临终不忘国事”；“诸葛亮鞠躬尽瘁，死而后已”；“李时珍搜罗百氏、采访四方”；等等。有关敬业的名言流传至今：韩愈说“业精于勤，荒于嬉”，事业精诚于勤奋认真，而荒废于嬉闹草率。《尚书》里说，“功崇惟志，业广惟勤”，事业要崇高唯有靠志向来提升，事业能宏大唯有靠勤勉来实现。

“敬业”一词源于《礼记·学记》，意为专心学业。后来这一词义的涵盖范围从学业扩充至各行各业。《辞海》里对敬业的解释是：“敬业者，专心致志以事其业也。”“敬”，指的是一种价值取向，体现了个体对其工作、职责的态度。古往今来，凡成就一番事业者，凡各行各业取得成功者，无不具有勤奋敬业、吃苦耐劳、精益求精、一丝不苟、任劳任怨、脚踏实地等优秀劳动品质。

敬业不仅是公民重要的价值准则和最基本的职业道德要求，同时它还是一个国家、一个民族立于世界先进行列的重要推动力量。自古以来，没有一个强大的国家，他的国民是不敬业的。敬业则国强，怠业则国弱。在不同民族所概括和提炼的各种价值要素中，很多价值都是以劳动和工作为轴心确定的。勤奋敬业、吃苦耐劳、精益求精、一丝不苟、任劳任怨、脚踏实地等，既是对人类劳动态度的价值描述，也是各时代各民族所珍视的优秀劳动品质。

在现代社会，人的一生往往多半时间是在职业生活中度过的，很多人都是通过一定的职业活动来获取其生存发展与人生价值。对于个人而言，实现自己的人生目标，展现生命的价值和意义，在很大程度上取决于他的工作态度和敬业精神。敬业勤业是一个人价值的最好体现，无论从事哪个行业、担任什么职务，都应该用辛勤的劳动和扎实的工作践行敬业这一朴素而崇高的美德。在培育和践行社会主义核心价值观的今天，尤其需要大力倡导敬业勤业精神，引导人们恪尽职守，为实现全面建成小康社会的奋斗目标和中华民族伟大复兴的中国梦而不懈奋斗。

浙江名人家风家训为我们提供了丰富的敬业精神内涵，如大禹的“公而忘私，吃苦耐劳”、金华沈氏的“率勤俭，禁游惰”、胡则的“实干兴业，勤政为民”、龙门孙氏的“勤乃起家根本，惰是丧败萌由”、张履祥的“爱敬勤俭，耕读相兼”等。

第一节　公而忘私，吃苦耐劳

一、大禹与大禹治水

禹，姓姒，名文命，史称大禹、帝禹、夏禹，是中国古代传说时代与尧、舜齐名的贤圣帝王。大禹是黄帝之后，司马迁在《史记·夏本纪》里对禹的家世有清楚的记载：“夏禹，名曰文命。禹之父曰鲧，鲧之父曰帝颛顼，颛顼之父曰昌意，昌意之父曰黄帝。禹者，黄帝之玄孙而帝颛顼之孙也。禹之曾大父昌意及父鲧皆不得在帝位，为人臣。”

大禹是我国古代伟大的治水英雄，大禹治水“三过家门而不入”的故事在民间广为传颂。因为治水成功，大禹得到了舜帝的高度赞扬和百姓的广泛爱戴。舜年老后，让禹摄政，管理天下。舜去世三年后，禹即天子之位，“国号曰夏后，姓姒氏”。因此，禹也是由部落联盟进入国家阶段的立国始祖。由于禹在治水与立国过程中体现出的出色的政治才干、杰出的军事才能、丰富的科学文化知识、坚忍不拔的意志毅力、大公无私的奉献精神，人们将禹称为大禹，即“伟大的禹”。

浙江绍兴有着指向大禹治水与立国的丰富传说和古迹留存。“浙江绍兴是大禹治水、成家、会诸侯、立国、死葬的所在地。”[①] 大禹陵是禹墓葬的所在地，位于绍兴市东南郊的会稽山麓。禹葬会稽后，继位的夏启在禹陵的北面立了宗庙，春秋进行两次大规模的祭禹活动。到禹的六世孙少康即位后，为使祭禹的活动延续下去，封他的庶子姒无余为越王，命令其率家人在会稽为禹守陵。目前，在大禹陵附近的禹陵村生活的姒姓，他们世代为大禹守灵，到今天已有一百四十余世近四千年。

在大约四五千年之前的尧舜时代，天下发了大水，洪灾泛滥，肆虐生灵，在四岳的大力举荐下，尧启用禹的父亲鲧治水，但鲧治水九年无功，洪灾依旧。尧年老后，舜主政，舜看到鲧治水九年却没有明显的成效，一怒之下将鲧杀死在羽山。后来，舜又举荐禹继承父亲鲧的治水大业，任命禹担任“司空”。禹的母亲担心丧子的悲剧发生，就极力劝阻。为了消除母亲的担忧，禹与母亲促膝长谈了三天三夜，最终说服了母亲，毅然奉命出山治水。

为了治水大业，禹到了三十岁还没有结婚，后来娶涂山氏之女女娇，在他们结婚后的第四天，禹就又上了治水第一线，亲自指挥和带领大家劳动。大禹为治水废寝忘食，他每天和治水的百姓吃住在工地，亲自挖土挑泥，因为整天浸泡在烂泥中，两条腿都烂了，走路一拖一拖的。后来，人们把走路一拖一拖的样子叫作“禹步”。由于长年在野外工作，终日奔波，风吹日晒，大禹的皮肤变得黝黑粗糙，面貌变得憔悴苍老。

大禹在治水的过程中全身心地投入，就连他的儿子启出生时，他也没能挤出时间回家看看。为了完成治水大业，大禹“三过家门而不入”。大禹治水，前后经历了十三年的时间，其间他凿山导水，播九河，划九州，改堵为疏，公而忘私，重民爱民，终于取得成功。《史记·夏本纪》记载曰：“乃劳身焦思，居外十三年，过家门不敢入”，“予娶涂山，辛壬癸

① 刘训华：《大禹文化学概论》，武汉大学出版社 2012 年版，第 159 页。

甲，生启予不子，以故能成水土功”。

大禹治水成功，与他身为黄帝之后的家族与家世的责任和担当有一定的关系。“禹的家族既有富裕的经济条件和显贵的身份地位，自然也担负着救济苍生和维护家族繁荣发展的重大责任。大禹非同寻常的出身和责任，使他后来能够接过治水的大任并成功治服洪水，赢得了百姓的爱戴，成功地成为首领，为建立中国历史上第一个奴隶制国家奠定了坚实的基础。”①此外，大禹治水成功，更为重要的因素在于他改堵为疏的正确方法以及公而忘私、吃苦耐劳、身先士卒、不畏艰险、锲而不舍的珍贵精神。

二、《五子之歌》

《五子之歌》是大禹之孙为追思大禹的遗训而作的诗歌。大禹的孙子太康即位后，贪图享乐，在外打猎长期不归，国都被后羿侵占。太康的五个弟弟被驱逐到洛河之边，过着颠沛流离的生活，他们追思大禹的遗训而作《五子之歌》，以叙失国之事，表悔改之意。

《五子之歌》的歌词如下：其一曰：“皇祖有训，民可近，不可下，民为邦本，本固邦宁。予视天下愚夫愚妇一能胜予，一人三失，怨岂在明，不见是图。予临兆民，懔乎若朽索之驭六马，为人上者，奈何不敬？”其二曰：“训有之，内作色荒，外作禽荒。甘酒嗜音，峻宇雕墙。有一于此，未或不亡。”其三曰：“惟彼陶唐，有此冀方。今失厥道，乱其纪纲，乃底灭亡。”其四曰：“明明我祖，万邦之君。有典有则，贻厥子孙。关石和钧，王府则有。荒坠厥绪，覆宗绝祀！”其五曰：“呜呼曷归？予怀之悲。万姓仇予，予将畴依？郁陶乎予心，颜厚有忸怩。弗慎厥德，虽悔可追？”②

其中第一句体现了大禹的民为邦本的思想。大意是说大禹说过，老百姓可以亲近，而不可轻视。人民为国家之本，本固了国家才能安宁。第二句转述了大禹的训诫：喜欢美色、喜欢游猎、喜欢喝酒、喜欢音乐、喜欢华丽的宫殿，这五种毛病，只要犯上一种，人就会灭亡。第三句大意是，

① 刘训华：《大禹文化学概论》，武汉大学出版社 2012 年版，第 6 页。
② 龚文君：《从〈五子之歌〉看民生》，《博览群书》2012 年第 4 期，第 77 页。

陶唐氏部落本来有很广大的土地，因为失德，败坏纲常，导致灭亡。第四句是说大禹制定法典，为后世楷模，因为太康放弃了典法，导致宗庙祭祀灭绝。最后一句敦促后继者迷途知返，以示自己幡然悔悟。

第二节　率勤俭，禁游惰

一、沈约与《沈氏家训》

金华市金东区傅村镇山头下村，是南北朝时期著名的史学家、文学家，曾任东阳郡太守的沈约一脉后裔聚居地。现有村民 760 多人，其中绝大多数村民都姓沈。明景泰七年（1456），沈约第 31 世孙迁居至此，繁衍至今已有 500 多年。

沈约（441—513），字休文，吴兴武康（今浙江湖州德清）人，文学史上著名的“竟陵八友”之一，也是著名的史学家。出仕后先后在宋、齐、梁三朝为官，梁武帝时封侯，官至尚书令，卒谥“隐”。著有《晋书》《宋书》《齐纪》《高祖纪》《迩言》《谥例》《宋文章志》《四声谱》等。除《宋书》外，多已亡佚。明人张溥在《汉魏六朝百三名家集》中辑有《沈隐侯集》。

沈约是梁朝时公认的文学领袖，在诗文方面颇有成就，被誉为一代辞宗。沈约与谢朓、王融、范云等人一起创立了讲求声律的“永明体”（亦称“新体诗”），将同时代人周颙发现的平、上、去、入四声用于诗的格律，归纳出比较完整的诗歌声律论。同时还提出了“八病说”。“四声八病说”为后来“近体诗”的诞生奠定了基础。

494 年，沈约任东阳郡太守，开始兴修水利，发动百姓对婺江河道进行疏浚。位于婺江北岸的“玄畅楼”，正是为纪念当年的工程而建。后来，因沈约在这里创作了“玄畅八咏”诗，此楼被后人更名为“八咏楼”。

沈约留下的诗文警句，加上其治家教子的思想，经后世子孙的不断丰富、完善，最终形成了13则《沈氏家训》。13则总纲共39个字，分别为“孝父母、敬长上、敦友于、正内外、和乡族、率勤俭、禁游惰、革奢侈、惜孤寡、养贤才、尊师道、戒仆从、务耕读”。

《沈氏家训》以传统儒学为伦理基础，每一则都有详细而明确的规定，既讲道理又重实用，贯穿家族生活的各个层面。以上两条家训分别摘自“率勤俭”和“禁游惰”。意思是“勤俭”两个字是持家最好的方法。勤劳能开辟获取钱财的途径，节俭可以节约开支。男人即使继承了家里的富贵，也应当早起晚睡，艰苦地进行春种秋收。作为妇女即使是出身豪门，也应该亲自纺丝缉麻，编织畚箕和扫帚。子孙中有一些人很不争气，喜好装饰仪容，不从事耕稼读书，专门致力于赌博、钓鱼打猎等事务，交结损友、横行乡里……有此行为的人，父兄不惩戒的就责备父兄，自己不改过的就惩罚其自身。

《沈氏家训》还十分注重对人才的培养：“凡读书者……本祠俱有支给。艺佳者另赏笔墨，进学者给与花红，示劝贤培国器也。”家族子孙一旦培育成材、出仕为官，则必须牢记祖训教诲，以实际行动严格做到“率勤俭，禁游惰，革奢侈，戒仆从，务耕读”，并接受整个家族的监督。

此外，因山头下村一带商业繁华，家族子弟易受社会不良习气的影响，沈氏一族根据家族管理的实际情况还制定了《禁嫖赌略言》，作为家训的补充和延伸。全篇通过摆事实讲道理，进一步规范了后世子孙的行为。

二、沈约家训精选与家风故事

勤俭二字最是作家之道。勤则有以开财之源，俭则有以节财之流。故为男子者，虽素承富贵，必当夙兴夜寐，如稼穑艰难。为妇女者，虽高门贵族，亦必躬亲纺绩，修箕箒职业。

——《沈氏家训·率勤俭》

子孙有等不肖，好饰仪容，不事耕读，专务博弈渔猎，结党横行……有蹈此者，父兄不戒，则责父兄；本身不悛，则责治本身。

——《沈氏家训·禁游惰》

沈约少时孤贫流离，因王室内讧，父亲沈璞成了犯罪官吏。为了躲避株连迫害，少年时的沈约只能四处逃窜潜伏，过着提心吊胆、朝不保夕的生活。后来逃亡生活结束了，但是家里被没收的房屋财产并没有发还，所以他和母亲依然过着流离失所、饥寒交迫的生活，只能依靠宗族、乡党的点滴救助维持日常生活。

在如此艰难的困境中，沈约没有放弃自我、随波逐流。他“笃志好学，昼夜不释卷”。沈约自小体弱，母亲担心他的身体支撑不了这样刻苦的学习，便常常减少他的灯油，早早撤去供他取暖的火，用这样的方法来限制沈约读书的时间，让他好好休息。

晚上没有照明，沈约便将白天读的诗书内容一一记下来，到了晚上再吟诵，以便加深记忆和理解。发愤苦读的沈约终于成为一名饱学之士，青年时期的沈约已博览群书，经古通今，并写得一手好文章。少年时期所遭遇的种种磨难和辛酸，让沈约养成了成熟稳健的处世态度，让他积累了丰富的人生经验。

南北朝时期，朝代更迭频繁，社会动荡不安，不管世事如何变迁，沈约始终修身律己，积极作为，承续了对传统儒家文化的坚守。士大夫的气节、情操、追求，为人为官品性中的清心、俭政、慎独等，在沈约的诗文里、在他的从政生涯中都有鲜明的表达。“玄畅八咏”以诗言志，忧国忧民、心怀苍生，体现着沈约对德行操守的自省与警励。在金华为官时，沈约虽身为东阳郡太守，但其日常生活异常简朴。他崇尚淡泊明志，注重洁身自好，为了远离酒色与应酬，他的住所竟然在城外郊区。受家道中落和儒家思想的影响，沈约从小就立志要重振沈氏门风。正是沈约的言传身教和严厉的家规家训，其子沈旋、沈趋也都成了高官，且都以清正廉洁闻名。

沈约的才华横溢、崇高地位和政声清名，对沈氏后人来说，很有示范意义。金华山头下村沈氏一脉，正是因为沈约在金华当过太守，追随老祖宗的足迹而迁居过来的。沈约后世子孙在先祖沈约修身为政思想和相关诗文警句的基础上，通过一代代的努力，提炼出沈氏家训。山头下村的沈约后裔，定期诵读家训，不忘祖宗的谆谆教诲，融合儒家文化的核心价值观，结合家族管理实际，在对子孙后代的教育和管理的日常实践中，逐渐形成了带有鲜明印迹的沈氏家风。

第三节　实干兴业，勤政为民

一、胡则与《胡氏家训》

族中子弟当各勤生业，仕者攻其学，农者力于耕，工者专于艺，商者蓄其贷。毋学赌博以废事业，毋酒色以乱德性，毋摇唇鼓舌以生是非，毋游手好闲以荒岁月，毋玩法而犯刑，毋浪费而破产。

——《库川胡氏宗谱》

胡则（963—1039），初名厕，字子正，婺州永康（今浙江金华永康）人。曾在方岩僧舍读书，聪慧勤勉，为宋朝婺州的第一个进士，是宋太宗、宋真宗、宋仁宗三朝的名臣，及第时宋太宗御笔削去“厂”，赐名为“则”。

胡则先后出任浔州、桐庐、睦州、温州、信州、福州、杭州、池州、陈州等十个州郡的知州，按察江淮、京西、广西、陕西等六路使节，并曾担任户部郎中、礼部郎中、吏部郎中、工部侍郎、刑部侍郎等职，有“十握州符，六持使节，选曹计省，历践要途”之称。宋仁宗景祐元年（1034）以兵部侍郎致仕，退居杭州。1039 年，胡则病逝于杭州，第二年葬于今杭州龙井狮子峰下。范仲淹在胡则墓志铭中对他做了很高的评价，称胡则“进以功，退以寿，义可书，石不朽，百年之为兮千载后”。

胡则为官 47 年，历三朝，位权重，操行却始终如一，做到为官一任，造福一方。正如世人对他的评价：“公出处三朝，始终一德，或雍容于近侍，或偃息于外邦。”胡则实行“力仁政，宽刑狱，减赋税，除弊端”的政治主张，做了许多利国利民的好事。比如在担任福州郡守时，他连上三道奏折痛斥将官庄田标价出卖的不义之举，迫使朝廷收回成命；整治钱荒，为国理财；勇改盐法，变官卖为商销；明道元年（1032），直言极谏，要求皇上免除衢、婺州百姓身丁钱……

胡则以清廉、勤政赢得了黎民百姓的尊敬和爱戴。他去世后，百姓感恩，在方岩山顶（其少时念书之地）立庙以纪念他。1162 年，宋高宗应百姓之请，用“赫灵”两字作为胡公的庙额。此后，胡公被百姓敬若神灵，千百年来被奉为“胡公大帝”。

胡则晚年和弟弟胡赈创立了胡氏祖训，在家族中言传身教，历经宋、元两代传承。胡赈进士及第，曾任婺州永康县主簿，后转任吏部侍郎、太常寺奉礼郎、观文殿大学士、吏部尚书等。明崇祯九年（1636），胡氏子孙根据胡则、胡赈遗留的祖训，制订了《胡氏家训》十三条，后世胡氏子孙不断传承发展，并将其写入宗谱。到乾隆十二年（1747），胡氏子孙整理形成了较为系统完整的《胡氏家训》。

《胡氏家训》深受中国传统儒家思想及当时吴越文化的影响，内容涵盖了修身齐家治国的方方面面，包括行善篇、修身篇、勤业篇、劝学篇、孝悌篇。以上两句家训摘自“勤业篇”，意思是：家族中的子弟应当在各自的行业中勤勤恳恳、兢兢业业，读书人要用心攻读学业，务农的人要致力耕种劳作，工匠要专注技能工艺，商人要积聚资产财富。不要学人赌博而荒废事业，不要沉迷美酒女色而乱了道德品性，不要乱耍嘴皮而惹是生非，不要游手好闲而浪费时间，不要玩忽法令而触犯刑律，不要奢侈浪费而破败产业。

二、胡则的实干精神及其影响

胡则宦海浮沉四十余年，先后知浔州、桐庐、睦州、温州、信州、福州、杭州、池州、陈州等十个州郡，按察江淮、京西、广西、陕西等六路使节，并曾担任户部郎中、礼部郎中、吏部郎中、工部侍郎、刑部侍郎等职。他一生逮事三朝，十握州符，六持使节，选曹计省，从他的任职州郡之频繁来看，他的辛劳是可以想见的。

胡则以其实干精神留名青史，所到之处，政绩斐然。他奏减官庄田值、参与解州盐法改革、为衢婺两州奏免身丁钱，官声清越。他一生都在为万家生灵着想，直至退老，还不忘视察钱塘海务，种植龙井。尤其是犯颜极柬，奏免了衢、婺两州的身丁钱，万民感戴，并且由人而神，直至成为香火长盛不衰的胡公大帝。

北宋明道元年（1032），长江、淮河流域大旱，饿殍遍野，当朝仍要江南各地征收高额身丁钱（人头税）。这种身丁钱，有的地方竟高达八斗八升，甚至连未成年人、老年人和残疾人都要交，百姓不堪重负。胡则自幼生活在深受身丁钱之苦的吴越地区，入仕后又多次担任南方各地的州府长官，对这种苛税为害之烈有切身的感受。

此时的胡则调回京师任刑部侍郎，可以直接向皇帝面呈奏章。年已古稀的他，满怀激情地向朝廷写了奏章，要求免除江南各地的身丁钱。由于宋仁宗当时曾诏令百官进谏，为了表示虚心纳谏，更是为了江南社会的稳定，诏令永远免除胡则家乡衢、婺两州（辖区相当于今天衢州、金华两市）的身丁钱。虽然胡则的奏请没有被全部获准，但他毕竟为家乡人民做了一件好事。朝廷免除衢、婺两州身丁钱，两州百姓对胡则感恩戴德，据史料记载，当时“浙东千里几无一邑一乡无公庙”，以祈祷“桑梓远灾害，蒙庇护”，可见当时胡则在浙东一代乡民中的地位。

胡则也曾两次在杭州做官，施惠政，筑海塘，浚河道，当时杭城独无潮患，黎民百姓安居乐业。杭城百姓认为胡公“能福我里，水旱无虞，寇灾必弭”，再三挽留之下，胡则晚年定居于杭州。

胡则的实干精神也影响着下一代，他处理政事的能力后来也被子孙所效仿与继承。长子胡楷被范仲淹称为“政能”之人，胡氏后人中为官者也大多留下好的官声。1958 年，毛主席视察金华召见永康县委书记马蕴生时说：“永康有个方岩，方岩有个胡公大帝，胡公大帝不是神，不是佛，而是人。他姓胡名则，是北宋的一个清官，为人民做了很多好事，人民纪念他，所以香火长盛不衰。我们共产党的干部也应该多做好事，为官一任，造福一方。”

在实干兴业、勤政为民的同时，胡则十分注重后代的培养。其早年在永康方岩建读书堂，在寿山坑建重楼，以方便后代读书。在家训中一再教导子孙“为人者至乐莫如读书，至要莫如教子”，“子孙虽愚，经书不可不读，即使冥顽，纵有开悟之时”。正是这样的谆谆教导，成就了胡氏后人寒窗苦读的传统。继胡则之后，胡氏一门进士及第多达 54 人，仅胡库一个村明清两代举人、秀才、贡生就有近 200 人。民国时期废科举、兴学校，胡氏一族中中学毕业生有 60 余人，其他如军校、农校的毕业生不计在内。其在民国时期就有学子就读于北京大学。今天胡库的胡氏后人中，获得硕士、博士学位，并在其所在领域取得骄人成绩者已不计其数。

第四节　勤乃起家根本，惰是丧败萌由

一、龙门孙氏与《垂教四箴》

勤乃起家根本，惰是丧败萌由。
胼手胝足不怠，朝乾夕惕无休。
——龙门孙氏《垂教四箴》

龙门孙氏，来自杭州富阳的龙门古镇。龙门古镇历史悠久，环境优美，四面皆山，大山头盘踞于西隅，龙门山崛起于东南，剡溪与龙门溪交汇于镇北。东汉名士严子陵在畅游龙门山时赞叹“此地山清水秀，胜似吕梁龙门”，龙门古镇因此得名。

龙门古镇为三国东吴大帝孙权后裔的最大聚居地，现有人口7000多人，90%的居民姓孙。西晋统一天下后，孙权支庶散居各地。宋太宗太平兴国五年（980），孙权第27世孙孙忠从富阳的东梓关迁到龙门，自此继继绳绳，不断繁衍，传承近40代，绵延1000多年，且代有贤才。明清时期的代表人物主要有以下几位。

孙坤（1373—1427），又名福远，字景祐，号素庵，是郑和下西洋的幕后英雄。明永乐四年（1406）中举人，入太学。不久，进工部，因清廉谨慎、勤敏练达，被提拔为工部都水清吏司主事。曾出任郑和宝船督造官员，一个月内督造船只80多艘。明仁宗时，升为奉议大夫，恩惠推及三代。明宣宗宣德二年（1427），因积劳成疾，逝于任上。

孙濡（1502—1570），字孔恩，号惠泉。明嘉靖十一年（1532）以选贡入太学，不久被选为河南长葛县县令。在任上，他谨守规范，恪尽职守，颇有惠政，曾教授百姓种植荞麦，度过灾年。去职回乡时，百姓赠匾额“政侔卓鲁”（侔，并、同等。卓鲁，卓茂、鲁恭的并称，两人均以循吏见称，后因以指贤能的官吏），此匾至今仍悬挂在孙氏宗祠内。

孙衔（1794—1859），字凤颁，号子丹，一号冰樵，晚年号早闲山人。

嘉庆二十四年（1819）中进士，道光十年（1830）任山西太谷知县，后任平定直隶州知州等职，为官清正廉洁，革除苛捐杂税，严惩奸诈之徒，废除陋习，改革苛政，政绩斐然，得到山西巡抚的赏识，获赠匾额“山西第一廉吏”。

《垂教四箴》是龙门孙氏传统家风中的主要部分，为孙权第四十三世后裔孙颐所制定。《龙门孙氏宗谱》记载：孙颐志趣高远，生活克勤克俭，为发扬光大家族盛誉，他在总结历代先祖家风的基础上，著《孝箴》《悌箴》《勤箴》《俭箴》四篇箴言来教育下一代。

“四箴”世称《垂教四箴》，全文800余字，通过引用历代先贤的事迹，加上孙颐自己对祖德家风的思考解读，对子孙后代应遵循的立身处世之道、伦理道德规范进行生动具体的阐述。这些家规家训不仅从伦理道德上对后人谆谆教诲，而且对于如何为人处世也做了具体规范。

《孝箴》有“孝为百行首务，尤居万善大端”等，主要教导后世子孙应该如何孝顺父母。《悌箴》有“悌以友爱是主，义乃敬长为先”等，主要教导子孙后代应该如何团结友爱。《勤箴》有“勤乃起家根本，惰是丧败萌由”等，主要告诫后世子孙勤奋是发家致富、立世荣身的根本，懒惰是败家的开始。《俭箴》有“俭乃保家之要，奢实覆产之门”等，要求子孙时时注意节俭，不能挥霍浪费。孙颐还特意建造了一座厅堂——“陈箴堂”来供奉这四篇箴言，勉励子孙后代不忘祖训，砥砺躬行。

二、龙门孙氏的家风提炼

在今天龙门古镇孙姓子孙中，90%是孙权第41世孙孙坤的后裔。孙坤是郑和下西洋的幕后英雄。他自小勤奋刻苦，认真好学，明永乐四年（1406），考中浙江乡试第47名举人，入国子监，不久因才干出众，进工部（明朝时六部之一，掌管营造工程事项，又称冬官）。由于孙坤勤敏练达，声誉一天高似一天，不久就被提拔为工部都水清吏司主事。孙坤先是被派往江苏太仓船厂负责郑和下西洋80余艘宝船的督造工作，限期一个月完成。接受任务后，孙坤殚精竭虑，夙夜操劳，合理安排，科学调度，最终如期竣工。后来又受命率船工、匠人等10000多人到秣陵（今江苏南京）宝船厂施工，他按时、保质、保量地完成了造船任务，为郑和下西洋这一彪炳史册的壮举立下了不可磨灭的幕后功劳，被擢升为工部郎中，得到明成祖朱棣的嘉奖。明仁宗即位后，其职位被升为奉议大夫，恩惠推及三代，他的父母妻子都得到诰封。55 岁时，因积劳成疾，他死于任上，后被追封为工部侍郎。

孙坤的儿子孙莲芳（字惟和，号松云）为纪念父亲为国事操劳终生、鞠躬尽瘁，并告诫后人皇恩浩荡非侥幸所致，要知恩图报，特意建造了一座“冬官第”（又名“承恩堂”）。在这座堂前有一根立柱的造型特别奇特，上正下斜，难免让人想到俗语“上梁不正下梁歪”。据说，这座房子之所以这么设计，是想给后人以警示：立身处世，要永远以孙坤公为榜样，勤廉方正，不走邪道，否则就会祸延后代。

祖辈示范，对后代的影响是显而易见的。孙坤的孙子辈中有这样一对兄弟：孙顺和孙颐。哥哥孙顺，字德言，号廉斋，天生聪颖机智，想到祖父为国事操劳，鞠躬尽瘁的事迹，就下定决心弘扬祖父的志愿，发奋苦读。孙顺长大后先入太学深造，后担任河南郑王府审理，以清正廉洁自守，办案公正严明，不徇私情，唯恐有损祖父家声。不久退职回乡，两袖清风，身无长物。弟弟孙颐，人称惠庵处士。他志趣高洁，隐居不仕。乡民每逢有争议的事，都爱到他那里请求评断，他常常能处理得让人心悦诚服。孙颐在晚年根据祖宗遗训和自身的学识，整理创作了以“孝”“悌”“勤”“俭”为核心的四篇箴言作为家训。

在“四箴”家训的影响、熏陶下，龙门孙氏历史上涌现出了数量众多的廉官良臣和仁人义士。其中，孙颐的孙子孙濡就是一个典型。孙濡从小勤奋好学，志向不凡，关心民间疾苦，13 岁就写有“借墙角梅，济苍生渴”的诗句。嘉靖十一年（1532），孙濡以选贡入太学，后被选为河南长葛县令。在任上，他谨遵官德，恪尽职守。有人劝他奉承讨好上官，他说：“用剥削老百姓的钱去奉承上官的事，我绝对不会去做。”同僚们称赞他：“孤介自持，苞且不行。”士绅们称赞他：“廉与白璧争辉，陋一钱之尚受。”孙濡任职期间，长葛县旱灾连年，孙濡忧心如焚，急忙回家乡龙门变卖家产，购得抗旱耐瘠的荞麦籽运回长葛县，分发给老百姓播种，并亲授播种技术。后荞麦获得丰收，长葛百姓得以度过灾荒。为此，当地百姓对孙县令感恩不尽，尊称荞麦为“孙公麦”。

第五节　爱敬勤俭，耕读相兼

一、张履祥家训精选

率素履攸行，耕则良农，读则良士；学古训有获，勤以养德，俭以养身。

——张履祥《辛丑元旦春联》

人家不论贫富贵贱，只内外勤谨，守礼畏法，尚谦和，重廉耻，是好人家。懒惰则废业，恣肆则近刑，淫逸则败门户，丧身亡家，蔑不由此。

——张履祥《训子语》

张履祥（1611—1674），字考夫，号念芝，浙江嘉兴桐乡人，明清之际的大儒，著名的理学家、教育家、农学家。因世居清风乡炉镇杨园村（今桐乡市龙翔街道杨园村），被学者称为杨园先生。著作被后人编订为《杨园先生全集》，包括《言行见闻录》《备忘录》《训子语》《补农书》等，共16种54卷。

张履祥9岁丧父，少时家贫，在母亲的训导下立志自强，力学苦读。崇祯十二年（1639）、十五年（1642）两赴杭州参加乡试，皆落第。明亡后，张履祥绝意科举，隐居杨园，此后30年，他一边训蒙自给，一边从事农耕实践。

张履祥一生大都在本地耕田读书、授徒著述，活动范围不过浙西一带，“声名不出闾巷”。但因其学风“正大”、践履“笃实”，后世逐渐影响到安徽、山东、湖南等地的学者，对清代理学发展的影响深远，被后人公认为“理学真儒”，曾国藩、左宗棠等都对其赞誉有加。张履祥及其友人、后学被称为“杨园学派”。

张履祥死后地位逐渐被抬升，同治十年（1871）获得了从祀孔庙的殊荣，与顾炎武、黄宗羲、王夫之、陆世仪、张伯行、汤斌、陆陇其、孙奇逢同被列为儒家圣贤，成为清代入祀孔庙的9人之一。

清康熙十三年（1674），64 岁的张履祥病逝于杨园村自家的务本堂，后被葬于杨园宅东南。1864 年，闽浙总督左宗棠捐资修葺张履祥墓，并题碑“大儒杨园张子之墓”。

张履祥晚年得子，50 多岁的时候两个儿子都还不到 10 岁，长子只有 8 岁。他担心自己不能完成教育子孙的使命，“每见世之迟暮得子，多至失教，以覆坠厥世，贻笑于人”，因而撰写了《训子语》一书。书中他把自己 50 多年来做人、教书所思考的一些问题、所经历的一些事情，写成对子女的要求，留存下来，以让子孙根据他的教诲来做人做事。

全书共 12 章，143 条，23000 多字。分上、下两卷，上卷包括《祖宗传贻积善二字》《子孙固守农士家风》《立身四要》《居家四要》等 4 章，下卷包括《正伦理》《笃恩谊》《远邪慝》《重世业》《承式微之运》《平世以谨礼义》《恂恂笃行是贤子孙》《要以守身为本》等 8 章。

《训子语》刊行后，得到了很多有识之士的赞许。康熙时桐乡文化名人汪森在《训子语》的跋语中评价道：“非独先生之子当遵不失，即凡为子者，皆可作座右铭也。”乾隆时理学名臣陈宏谋评价说：“先生以躬行所得，为训子之语。事不越于日用伦常，理惟主于忠信笃敬，实为立身行己之极则，所宜家置一编者也。”并将《训子语》的部分篇目编入他著述的《五种遗规》，这本书在清末时被定为中学堂的修身读本。

二、张履祥的耕读家风

张履祥一生勤奋、刻苦，耕则“力耕”，学则“力学”，大力倡导耕读相兼的生活方式。他解释耕读相兼的好处：“人须有恒业，无恒业之人，始于丧其本心，终于丧其身，然择术不可不慎，除耕读二事，无一可为者。许鲁斋有言‘学者以治生为急’，愚谓治生以稼穑为先，舍稼穑无可为治生者。能稼穑则可无求于人，无求于人则能立廉耻，知稼穑之艰难，则不妄求于人，不妄求于人，则能兴礼让。廉耻立，礼让兴，而人心可正，世道可隆矣。”亦耕亦读，不可偏废其一，否则“读而废耕，饥寒立至，耕而废读，礼义遂亡”。

张履祥家有田地数十余亩，雇人耕种，教学之余，他也会亲自下田地干农活。每到农忙时节，他必暂停馆事返回故里，或是率领家人收种，下地劳作；或是亲自监督雇工劳动，检查成绩；或是穿草鞋、戴草帽，送饭到田间。他最擅长修剪桑枝，连经验丰富的老农都比不过他。他不厌其烦地教导他的子女要耕读并重，并带儿子到田间劳作，传授耕作知识。张履祥为女儿择婿的标准之一也是看对方是否耕读传家。大女儿嫁给他的学生尤介锡，尤介锡幼而能文，他的父亲治农桑，勤俭持家，也是亦耕亦读之家。

张履祥长期从事农业生产，经常向农民请教，加上不断钻研书本上的农业生产知识，并抄录《沈氏农书》，后撰写了《补农书》。该书提倡植桑并兼顾水稻生产，对于耕种、养鱼、酿造乃至编篱笆都有记述，比较全面地反映了明末清初江南农业生产的面貌，是一部总结当时杭嘉湖地区农业生产经验与生产技术的伟大作品。

明末时，一些官员和读书人不了解田地间的泥泞，也不了解老百姓劳作的艰辛，针对这种耻于谈耕的风气，张履祥一再告诫子孙“固守农家士风”，强调经营家业应当以农业劳动为先。他非常重视农学，把晚年时所建造的一间房屋取名为务本堂。本者，农也，表示了他对农业的重视。张履祥所讲的耕读之“耕”，现在我们可以理解成一种劳动观念、职业观念。

张履祥教导子弟要自立自强，勤劳节俭，力戒奢侈。他说：“学者起足第一步，须是路头不错。此处一错，无所不错。”起足第一步，莫大于家教。张履祥的父母给他的第一步教育，造就了他良好的生命底色。这种优良的家教，后来也都完全体现在他的《训子语》中。他教育儿子“处贫困，惟有勤劳刻苦，以营本业。布衣蔬食，终岁所需无几，何忧弗给……所忧者，不克自立，辱其身以及其亲耳！”遗憾的是张履祥子孙不旺，他本人去世之后不久，长子张维恭也去世了，未留下子嗣。次子张与敬，未及娶妻而夭折。继孙张圣闻亦早夭。幸运的是过继的曾孙张文相，后来迁居德清县新市镇，又迁濮院镇，人丁兴旺。在光绪二十八年（1902）的浙江末科乡试中，其后人张文镐高中第十名，与同属濮院镇的朱辛彝、刘富槐三人为同榜举人，震动全浙。

第七章 礼待他人：诚信友善在浙江名人家风中的呈现

我国素有“礼仪之邦”“信义之邦”的美誉，“仁义礼智信”的五常之道作为做人起码的道德准则与伦理原则，用以处理作为个体存在的人与人之间的关系，组建社会。

我们每个人都从属于一定的社会群体，处于一定的社会关系之中，社会属性是人最主要、最根本的属性。社会是由无数个人组成的，处于社会之中的每一个人都不可避免地与他人发生着这样或那样的关系。如何健康有序地处理这些关系，进而营造出一个和谐、文明的社会，需要有一定的社会准则与社会规则来维系。

在 24 字的社会主义核心价值观中，“爱国、敬业、诚信、友善”是对公民个人层面提出的要求和准则，蕴含着中国传统文化的价值精髓，凝聚着社会主义新时期的道德精华。社会主义核心价值观，是优秀传统文化与中国特色社会主义理想相结合的成果，其中个人层面的价值追求在传统家训里体现得非常充分。一个社会，如果没有社会成员个人的这些美德，社会层面和国家层面的核心价值观就无法得到支撑。

以诚实、诚恳、信用为基本内容的“诚信”，是社会道德的支点，也是社会主义核心价值观的基础。践行诚信，不仅需要构建完善的信用体系、健全的法律机制，更需要我们从小处着手，从点滴做起，诚信为人。在义与利面前，选择情义；在人与己面前，选择他人；在责与权面前，选择责任，用践诺、守责搭建人与人之间信任的桥梁。

如今，我国正由“熟人社会”向“陌生人社会”转变。这一社会形态的转变，在一定程度上引发了人类交往、存在方式甚至更深层面的革命，颠覆着与熟人社会相适应的传统伦理。在我国五千年的文明史上源远流长的友善乐群、诚实守信之风，对于构建和谐的人际关系，塑造文明的社会风气，推动社会主义精神文明的建设，具有重要的现代价值。

在浙江名人家风家训中，友善乐群、诚实守信的优秀传统也同样得以彰显，如王羲之的“敦厚退让，积善余庆”、盘溪何氏的“清雅淡泊、立在贤德”、袁黄的“隐恶扬善，迁善改过”、西溪洪氏的“和敬忠厚，造福桑梓”、汪辉祖的“以身涉世，莫要于信”等。

第一节 敦厚退让，积善余庆

一、王羲之家训

王羲之（303—361，一作 321—379），字逸少，号澹斋，祖籍琅琊（今山东临沂），后迁会稽山阴（今浙江绍兴），晚年隐居剡县金庭（今浙江嵊州）。历任秘书郎、宁远将军、江州刺史，后为会稽内史，领右军将军，世称“王右军”。东晋时期著名书法家，有“书圣”之称。

王羲之的书法兼隶、楷、草、行各体，突破了汉魏之风，自成一家，笔势“飘若浮云，矫若惊龙”，被誉为“尽善尽美”和“古今之冠”，影响极为深远。唐太宗称“心慕手追，此人而已，其余区区之类，何足论哉！”其代表作《兰亭序》（又名《兰亭集序》）被誉为“天下第一行书”。

浙江嵊州金庭镇华堂村是王羲之后裔的最大聚居地，华堂村 6000 余人口，有 4000 余人为王氏后裔。自王羲之始，已历 1700 年左右。因其子孙后代多擅书画，将书画悬于厅堂，故其宅有“画堂”之称，后“画堂”易作村名“华堂”。

王羲之的家训，仅有短短的 24 字：“上治下治，敬宗睦族；执事有恪，厥功为懋；敦厚退让，积善余庆。”

王羲之出自著名的世家望族——琅琊王氏，代代有家规家训留传。王羲之本人及其子孙也多有课教子孙、立身治业的治家理念，并且通过言传身教的方式代代相传。清朝乾隆年间在重修《金庭王氏族谱》时，时任嵊县教谕周咨询把口耳相传的王氏家训写入《金庭王氏族谱》序文之中，内容为："上治下治，敬宗睦族；执事有恪，厥功为懋。"当地王氏后人根据居舍门额、回廊题字和治家格言等，又添加了"敦厚退让，积善余庆"8个字。这24字的家规家训从治国的高度、国与家的关系开篇，最后落实到如何"做人"，要求子孙以"和""孝""规""学""义"为核心理念来为人处世，环环相扣，具体而微。

除24字家训外，《金庭王氏族谱》"凡例"一节还载有26条族规，对可以做与不可以做的事情进行了划定，条目细致严密。例如不准在宗祠等公共空间堆放稻麦杂物，违者重责重罚；对"嘉言善行""从实登载"，旨在"彰先德示后人"等。

二、王羲之的敦厚家风

"敦厚退让，积善余庆"，体现的是一种积德行善的释家文化，意思是与人为善，融洽相处，品行忠厚，礼让三分；多做善事，造福子孙。"敦厚退让"的王氏家训，与王羲之所经历的一桩事情有关。据传有一天，王羲之跟一位好友到宁波奉化一带采药，晚上便在当地一家客栈夜宿。二人夜间畅聊时，忽然听到客栈里传来"乒乒乓乓"东西不断掉落的声音，中间还夹杂着人的争吵声。二人不知是何缘故，正欲出门一探究竟，争打吵闹声却戛然而止，一打听，才知道原来争斗的那二人是一对兄弟，因为争夺钱财先是大吵大嚷，然后动手斗殴，最后弟弟竟然把哥哥打死了。

王羲之听完这个事情以后，心情久久不能平静，他想起了自己与哥哥王籍之相处的时光，哥哥对自己总是爱护有加，尤其是在父亲不知所终，下落暂时不明之后，哥哥对他细心呵护，看到那兄弟二人竟然因为争夺钱财而自相残杀，不禁悲从心生。他对好友说："没想到，他们二人竟如此残忍，不知道我们的后辈如何啊！"

回到家后，忧心忡忡的王羲之把自己遇到的事情告诉儿子们，并挥笔写下了“敦、厚、退、让”四个大字，命令儿子们日日临摹，牢记践行，一代代地往下传。

王羲之不仅这样教儿子，自己更是身体力行。王羲之的敦厚仁义之风不仅体现在为官从政上，也体现在他对待老百姓的态度上。在他的身上还流传着一个家喻户晓、妇孺皆知的故事。

当时，王羲之在绍兴任职，公务之余，他经常走街串巷，深入民间。一日，他来到了一座石桥脚下，一边欣赏风景，一边观察百姓生活。在这石桥下面，有一位老妇人经常在此卖扇。王羲之与她相遇，闲聊之中王羲之得知老婆婆生意不好，生活困难，怜悯之情油然而生，于是他对老婆婆说：“阿婆，把你的扇子给我，我给你题上几个字，然后这扇子不仅卖得好，更能卖好价钱。”

卖扇的老婆婆带着疑惑的眼神看着王羲之，老婆婆可不知道站在她面前的人是谁，但看到对方书生打扮、温和有加、风度翩翩，便把扇子给了他。王羲之接过扇子之后，又从附近居民处借了支笔，潇洒地开始在扇子上写字、题款，之后，他又对老婆婆说：“老婆婆，你这就拿它去卖，原来卖三文钱一把，你只要说此扇由王羲之题词，即可卖百文。”

老婆婆此时还不是很相信，但是愿意一试，于是照着去卖，果然一吆喝，行人很快围拢过来，一篮扇子被一抢而光。老婆婆心里非常高兴，待扇子卖完正想感激王羲之的时候，却到处找不到王羲之的身影。老婆婆心里很感激这个恩人，于是第二天，她带了一份礼物，守在桥头等候王羲之的到来，想表达一下谢意。不料，王羲之却再也没出现。

原来，王羲之见老婆婆拿着礼品候人，明白了怎么回事，就转进了旁边的一条小弄里，躲避老婆婆。后人为纪念这段佳话，就把这座小石桥命名为“题扇桥”，小弄堂命名为“躲婆弄”。

第二节　清雅淡泊，立在贤德

一、盘溪何氏与《何氏家训》

浙江金华市婺城区罗店镇后溪河村，古称盘溪村。自宋代以来，盘溪何氏就在这里聚集居住，至今已历三十余代。在岁月的荏苒变迁中，盘溪何氏始终保持耕读传家、贤德立身的优良传统，族中人才辈出，其中“北山学派”开创者、南宋理学家何基更是让何氏一族享有了“理学世家”的美誉。

何基（1188—1268），字子恭，号北山，南宋婺州人。他从小便以圣贤为榜样，爱好学习，自从拜入朱熹高徒黄榦门下后，更是埋头研习朱子理学，穷尽一生，最终成为一代理学大家。史书上更有“朱子之后，推何基为正传”的记载。

后来，何基的学识得到了朝廷的赏识，曾先后被授予史馆校勘、崇政殿说书等职，不过都被何基一一谢绝。他安居故里，以研究和传播朱学为己任，创立了北山学派。后人将何基与他的三位学生王柏、金履祥、许谦并称为“金华四先生”，也叫“北山四先生”。

受何基的影响，何氏后人编著了《何氏家训》，后历经几代人创制、修订、增删，最终凝练为十条，涉及祭祀礼仪、子孙教育、冠婚丧祭、生活学习、为人处世等方面，详尽规范了家族成员的修身处事、待人接物之道，并以“养贤才”“议贤能”为核心，将何基思想中的贤德奥义转换成了操作性极强的行为规范，凸显着一个家族的文化渊源、道德理想和生存智慧。

盘溪何氏家族以“贤”为核心，养贤才，选贤士，议贤能。一个“贤”字概括了何氏家族的文化基因。发生在何氏一族的故事，处处体现着为人民、为社会、为国家这一“贤”的家风模因。清雅淡泊、立在贤德，何氏家族的“贤”让我们看到了一个散发着高贵精神的家族。自何基之后，何氏后人中先后出了 9 名进士，数十名举人、贡生、秀才，成就了何氏一族江南望族的美名。近代以来，“何氏三杰”——教育家何炳松、知名爱国人士何德奎、史学家何炳棣更成为何氏一族长盛不衰、家风家训世代传承的重要代表人物。

二、何氏家族贤廉传家的家风基调

当时的南宋皇上宋度宗非常看重何基的才能，于是将他召至皇宫里商讨国事，何基面对皇上的问询一一对答如流，二人交谈甚欢。宋度宗爱才惜才，在何基临走前命人将十面锦旗赐予何基，对何基说：“何爱卿，寡人赐予你这十面锦旗，在你回家的路途上，你只要看中哪块良田，便可插一旗，那么这块良田的税赋就永远归你收取。”何基拿着这十面锦旗，谢过皇上。周围的人此时看着何基，心态各异，有羡慕的，有嫉妒的。但大家都想看看何基究竟会怎么使用这十面锦旗。

拿着旗子，何基离开皇宫，往回家的路上走去。只见何基在这一路上把锦旗都插在了路边的草丛中，没有一块土地被他插上旗子。眼看着旗子越来越少，跟在何基周围的随从也慢慢开始紧张起来，不过何基仍然是一副不紧不慢的样子，从容淡定，不喜不忧。

不知不觉何基来到了村口，手中的旗子也只剩最后一面，村中的百姓也听说了这件事，都围拢过来看这最后一面旗子，何基到底会怎么办？只见何基不慌不忙，将最后一面旗子插在了村口的一块薄田里。村里人看到何基的行为后都感动不已，敬佩得不得了，纷纷称赞起来。而何氏族人为了纪念何基的贤德事迹，便将这块薄田叫作“何大坵”，至今这块田地还在，默默地述说着何基的高贵品格。

其实对于7岁便能反问自己的教书先生“廉洁本是士大夫的分内之事，又怎么能说因为廉洁而要受到人们的称赞呢”这样话语的何基来说，做出上面的行为是情理之中的事情，也更奠定了何氏家族贤廉传家的基调。

时间到了近代，盘溪何氏一族又涌现出三位品德才学兼优，学高为师、身正为范的著名人物——“中国现代史学奠基人”、历史学家、教育家何炳松，知名爱国人士何德奎以及当代历史泰斗何炳棣，他们被并称为“何氏三杰”。

1935 年，何炳松担任暨南大学校长。他不徇私情，不为私欲，时常拿出自己的工资资助寒门学子。他在给女儿的家信中有这样几句话：“修养身心，莫过于‘服务精神’四字，在家为家服务，在校为校，在社会为社会，在国为国……望尔即日起发挥出‘服务精神’，凡事为公而不为私。”

1936 年，何德奎在上海任公职。他为贫苦人家子女开办小学；在物价疯涨时开办食米公仓；在淞沪抗战爆发后收容难民，开展“施粥”“义诊”等公益活动。他一生不置房产，没有存款，有钱了就拿去资助他人，妻子常常从他换洗衣服的口袋里掏出捐款收据。

年纪最轻的何炳棣从小以何炳松、何德奎为榜样，年仅 17 岁便考取了清华大学历史系，在史学界享有盛誉。他曾被公推为美国亚洲研究学会会长，是该会首位也是迄今为止唯一一位华人会长。

第三节　隐恶扬善，迁善改过

一、袁黄与《了凡四训》

袁黄（1533—1606），浙江嘉善人，初名表，后改名黄，字庆远，又字坤仪、仪甫，初号学海，后改号了凡，明代著名思想家，世称“了凡先生”。

袁黄青少年时聪颖敏悟，卓有异才，曾受教于云谷禅师，对天文、术数、水利、军政、医药等无不研究，补诸生。明嘉靖四十四年（1565），知县辟书院，令高才生从袁受经学。万历五年（1577）会试，初拟取第一，因策论违逆主考官而落第。万历十四年（1586）中进士，为万历初嘉兴府三名家之一。万历十六年（1588）任河北宝坻（今属天津）知县，任职五年，业绩辉煌，后擢升为兵部职方司主事。万历二十年（1592），适日本侵略朝鲜，朝廷大举东征，节节败退，汉城（今首尔）、平壤相继陷落。万历皇帝接受朝鲜王室之邀出兵援朝，袁黄在援朝军队中出任兵部参赞军事，在收复平壤的战役中立有谋划之功。后袁黄因故罢归家居，闭户著书。卒年74岁。

袁黄博学多才，涉足极广，在农业、水利、医学、音乐、几何、数术、教育、军事、历法等方面均取得了令人瞩目的成就，而且每一方面都“莫不洞悉原委，撰有成编”。据不完全统计，袁黄共有《历法新书》《皇都水利》《宝坻劝农书》《了凡四训》等著述22部。其中《了凡四训》对后世的影响最大，被称为“中国第一善书”。

《了凡四训》是袁黄留给儿子袁天启的家训，他于69岁时写了四篇短文，本意为教育自己的儿子，取名为《训子文》，后为启迪世人，遂改名为《了凡四训》。《了凡四训》教诫袁氏后人及世人，认识命运的真相，明辨善恶的标准，改过迁善，行善积德，并且以他自己改造命运的经验来现身说法。全四篇分为“立命之学”“改过之法”“积善之方”“谦德之效”，每篇都有其要旨，通篇下来不仅是劝人要积德行善，还有区别于其他类似文字的积极一面，不论来世福报，而是用今生行善即可有求必应的举例来劝人。劝善是《了凡四训》的重点和宗旨，“积善篇”占了全书一半的篇幅。《了凡四训》融会道教哲学与儒家理学，劝人积善改过，强调从治心入手的自我修养，提倡记功过格，在社会上流传甚广，影响深远。

二、袁黄“善”思想的渊源及体现

袁黄在家学传统的培养中成长，家庭的教育为袁黄思想的形成播下了种子。其曾祖父袁颢在《袁氏家训》中，提倡救世助人、积善行善、谦虚修德等。他的父亲袁仁在儒学上具有很高的造诣，且善于教育，对袁黄早年的影响极大。他教导的重心在修身：“士之品有三，志于道德者为上，志于功名者次之，志于富贵者为下。”

袁黄早年遇到过一个算命先生，这个先生给他算了一卦，说他将来在县考中可以考到第14名，府考能考到第71名，提学能考到第9名。结果第二年的考试中，果然如这位先生所料，考试的名次分毫不差。后来，这位先生又接连给他卜了几卦，每次都算对了。于是袁黄请教此生的命运，算命先生说他只能活到53岁，做官只能做三年半，膝下无子，半生无福。因为算命先生的话屡屡应验，所以袁黄对此深信不疑。自此之后，听天由命，不思进取。

直到有一天，他遇到云谷禅师，被点化后决定自己改变命运，改名“了凡”，意思是从凡夫之中得到了脱，得大自在，从此他断恶修善改变自己的命运，活到 70 多岁。他在 69 岁时，给儿孙留下这段话：“造命者天，立命者我；力行善事，广积阴德，何福不可求哉？”袁了凡先生将自己所经历、所见到的命运种种的考验，告诉他的儿子，并告诫他不要被命运束缚住，应竭力行善，“勿以善小而不为”；也必须努力断恶，“勿以恶小而为之”。如此，则一定可以改变自己的命运，所谓“断恶修善”“灾消福来”，这是改造命运的原理。

袁了凡提倡以记“功过格”的方法，“隐恶扬善”“迁善改过”，进行道德自律，规范自己的行为。“功过格”是一种道德自律的工具，它把每日所做之事，按其善恶增减记数，标志着中国人认识到可用自己的手改变自己的命运，改变吉凶。袁黄作为功过格的提倡者和身体力行者，强调个人改变命运的力量，用善书来鼓动社会流动和提升社会地位，他的言行经历对后世道德伦理思想的变迁产生了广泛而深远的影响。

袁黄多年如一日地率先垂范，积德行善，同时也影响、带动着他的家人。在他的影响下，他的夫人也乐善好施，有时袁黄公务繁忙，当天所做善事较少，她就发愁，希望丈夫能多做些善事。有一次，她为儿子裁制冬天的棉袄，想买棉絮做内里。袁黄问：“家里有丝绵又轻又暖和，为什么还要买棉絮呢？”妻子答道：“丝绵较贵，棉絮便宜，我想将家里的丝绵拿去换成棉絮，这样就可以多做几件棉袄，赠送给贫寒的人家过冬！”袁黄听了这番话，高兴地说：“难为你时时想着做善事，这也是我们袁家的福祉啊。”

袁黄常年积德行善，知非改过，受到人们的普遍尊敬，他的深厚德行，甚至会感化一些恶势力弃恶从善。当时京津地区有很多叫“马坊”的地方，主要是宦官在京城内外广置田园，以养马为名，强迫当地人民交税，借以谋取私利。马坊的管理权在司礼监，司礼监掌管着著名的东厂、西厂。当时百姓在太监的盘剥下，“或闭而绝之食，或裸而悬之树前后，死者无算”，惨不忍睹，之前的县官也不敢对他们怎么样。袁黄到宝坻当县令期间，掌管宝坻马坊的太监叫王公铭，是个蛮不讲理的人，依仗东厂、西厂的势力，常常盛气凌人，出言不逊。袁黄不卑不亢，正气凛然，却又不与他争辩，而是平心静气地对待。王公铭与袁黄多次接触后，内心颇为惭愧，不觉折服，慢慢开始对袁黄以礼相待并恭敬起来，最后具礼称为门生，以老师的礼节对待袁黄。宝坻的百姓因而得以从“马坊”的横征暴敛中解脱出来，掌管马坊的太监自此以后也大大收敛，不再胡作非为。

第四节　和敬忠厚，造福桑梓

一、西溪洪氏的家规家训

西溪湿地是杭州城西的一块被称作杭州之肺的宝地，“钱塘望族”洪氏一族祖居于此。西溪洪氏，原居江西鄱阳，南宋时由洪皓迁至杭州。洪皓（1088—1155），字光弼，生于北宋哲宗元祐年间。南宋高宗期间，因上书力主不迁都而受到高宗的重视，后又肩负重任，做出金使臣，后被金国扣留长达 15 年，但气节不改，被称为“宋之苏武”。

洪皓生八子，尤以洪适、洪遵、洪迈声名卓著，世有“三洪”之称。世传“一门三丞相四学士”之美誉，说的就是洪皓、洪适、洪遵、洪迈父子四人。长子洪适，曾高中榜眼，官至右丞相，有 40 卷古文字学专著《隶释》闻世；次子洪遵，与兄同榜高中状元，官至右丞相、同知枢密院事，著有古钱币学专著《泉志》；三子洪迈曾任翰林大学士、端明殿学士、副丞相，经纶满腹，用近 40 年心血撰写了 74 卷《容斋随笔》，与《梦溪笔谈》《困学纪闻》并称“宋代三大最有学术价值的笔记”。

明清两代，洪氏家族亦人才辈出。洪钟，洪氏族人在明代的杰出代表人物，字宣之，号两峰居士，明成化十一年（1475）进士，谙习宪典，曾任刑部尚书、工部尚书。洪钟长子洪澄官至内阁制敕中书、翰林院待制，曾孙洪瞻祖曾任南京都察院右都御史、江西巡抚。“明纪祖孙太保五尚书”指的就是洪钟祖孙。清代戏剧大家洪昇亦是洪氏族人的杰出代表人物，其代表作《长生殿》与王实甫的《西厢记》、汤显祖的《牡丹亭》、孔尚任的《桃花扇》共列四大古典名剧。

西溪洪氏先祖在家庭逐渐稳定、富裕起来以后，便致力于培养子孙，教导后代如何为人处世，构建了自己家族诗礼传家的文化传统，留有《洪氏祖训》和《洪氏家规》。《洪氏祖训》以“以事亲，义以睦族，敬以持己，恕以及物”为核心要义，告诫洪氏后人要以儒家理念立身行道，孝顺父母，周济族人，“于人须泛爱，周穷恤匮，尤亲其贤”。《洪氏家规》则分戒游、戒博、戒饮、戒斗、戒色、戒逸六条，从交友、饮食等方面具体规范子孙的行为，告诫后人要品行端正，养成良好的生活习惯，避免沾染不良习气。

明代洪氏族人洪钟铭记母亲“人以积金以遗子孙，吾教子一经耳”的教诲，还曾留下一首教子诗《命子作》：“汝父慕清白，遗无金满籯。望汝成大贤，唯教以一经。经书宜博学，无惮历艰辛。才以博而坚，业由勤而精。”教育子孙爱惜名节，不慕浮华，以读书为荣，以勤业为乐。后来这首诗发展成了“遗金满籯，不如教子一经”的经典话语。洪氏家族八百年来持业长兴，历经三十余代人才辈出，他们对于祖训、家风的守持之度，见证了祖训、家风的力量。

二、西溪洪氏的家风故事

洪氏家族祖祖辈辈都非常重视读书，他们坚信从书籍中可以知晓天地间的真理。洪钟一生勤奋好读，幼时他的家位于五常港和严家港交汇处的断头桥附近，读书需要过河港，母亲便每天坚持摇船送其过河读书，风雨无阻，为洪钟的成才付出了难以想象的努力和坚持。坐在母亲身后的洪钟看着母亲艰难摇船，忍受三伏天的酷暑和寒天冻地的冬日，默默坚定“一定要把书读好，以此才能报答母亲的教诲和付出”的信念。

刻苦读书的洪钟，后来成功入仕，功成名就，名满天下。他晚年时告老回乡，不过此时，母亲早已去世，“子欲养而亲不待”，为人子不能尽孝膝下，这是人生的一大憾事。洪钟站在河边，遥想着幼年时母亲艰难摇船渡河的情景，遥想着母亲对自己的殷殷教诲，悲哀之情涌上心头。于是，洪钟修建断桥，取名“思母桥”，在旁边建“思母亭”，以感念母亲的深恩厚德。

告老还乡后，洪钟在家乡做了许多有益于洪氏子孙和当地老百姓的善事。他还乡之后并未购置田产，而是兴办教育，他在杭州西湖南岸涌金门创建书院，免费教授洪氏子孙以及周围贫困青年读书。因书院面对南高峰和北高峰，因此取名为“两峰书院”，借此传播文化，惠泽乡人。除此之外，洪钟对当地的民风、民俗也颇有影响。他退居西溪湿地后，见当地民风不好，农闲时年轻人混沌终日，游手好闲，为改良民风、强民体质，他将在朝期间带兵征战的兵器与生产、生活工具结合，创编武术套路，教人演练，成就了“五常十八般武艺”。为“庆丰年”“祈社安”，洪钟还发起了端午节“龙舟胜会”活动，沿袭至今。原本唐朝时西溪便有划龙舟的活动，但是到了后来，因战乱纷争，这项活动逐渐衰落了，经过洪钟的倡导才慢慢兴盛。时至今日，“五常龙舟胜会”和“五常十八般武艺”都已成为国家级非物质文化遗产。

第五节　以身涉世，莫要于信

一、汪辉祖与《双节堂庸训》

以身涉世，莫要于信。此事非可袭取，一事失信，便无事不使人疑。果能事事取信于人，即偶有错误，人亦谅之。吾无他长，惟不敢作诳语。古云：“言语虚花，到老终无结果。”如之何弗惧。

天下无肯受欺之人，亦无被欺而不知人。智者，当境即知；愚者，事后亦知。知有迟早，而终无不知。既已知之，必不甘再受之。至于人皆不肯受其欺，而欺亦无所复用；无所复用，其欺则一步不可行矣。故应世之方，以勿欺为要。

——汪辉祖《双节堂庸训·应世》

汪辉祖（1730—1807），字焕曾，号龙庄，晚号归庐，绍兴府萧山县（今杭州市萧山区）瓜沥镇大义村人，清代乾嘉时期名闻全国的“绍兴师爷”。他 11 岁时父亲去世，迫于生计从 23 岁开始幕友（师爷）生涯，先后辅佐过江浙两省 18 个州县衙门的 16 位地方官，为幕 34 年，其间主要担任管司法诉讼的刑名师爷，以善断疑案著称。

汪辉祖在一边习幕的同时，一边准备科举考试，46 岁时考中进士。58 岁赴湖南宁远担任县令，上任后兴利除弊，勤政爱民，被称为一代名幕、良吏。汪辉祖后来被调任道州知州，却因意外脚伤没能及时赴任，被朝廷以迁延规避之罪革职。回归故里后，他谢绝了很多地方大员重金聘其入幕的请求，一心隐退，不再涉足官场，不过他仍然关心时政与乡民的疾苦，在家乡做出了不少贡献。清朝学者洪亮吉称赞他：“计君一生，在家为孝子，入幕为名流，服官为循吏，归里后复为醇儒。”

《双节堂庸训》是汪辉祖 65 岁时为教育子孙而写的家训。“双节堂”是由“礼部旌表两母双节，建坊如例”而来。他在老家为生母与庶母两位母亲建造了双节坊，并把旧居改为了双节堂。汪辉祖一生免于大的过错，全凭两位母亲的教诲。“庸”则是自谦之语，他自称是“庸德庸言”。

“庸训”不庸，反倒包含许多高明之见。《双节堂庸训》共分为述先、律己、治家、应世、蕃后、述师述友 6 卷，计 219 条，融“圣贤书”与“人间事”于一炉，不仅有从传统文献、儒家经典著作中提炼出来的智慧警句，还有汪辉祖用辨别是非好坏、善恶美丑的“老眼”看社会世态众相、人情冷暖得出的经验总结。

二、家庭对汪辉祖处世品格的影响

汪辉祖的父亲汪楷也曾做过刑名师爷，后来觉得整天琢磨如何给人定罪量刑，万一判错，要遭恶报，于是转而经商。在经商赚了些钱后，买了个典史职位的小官，赴任前留下 100 多亩田托付给弟弟汪模经营，奉养父母。几年后，汪楷辞官回家，发现弟弟因为赌博把他置买的田产都输光了，还欠下了一大笔赌债。

汪楷后来答应替弟弟还债，为了养家和还债，他到广东投靠妻弟，却不幸因病早逝。汪楷逝世后，一家八口的生计落在了汪辉祖的生母徐氏和庶母王氏两位寡妇身上。那些赌徒恶棍见汪楷去世，唯恐汪家赖账，急忙上门讨债，他们吵吵嚷嚷，甚至砸窗摔凳，威吓孤儿寡母。王氏与徐氏商量好后，对前来讨债的人说："如果再闹下去，我家今日就全部死在你们面前！欠你们的钱再也别想还了！不如不要强逼，多则五年，少则三载，我们两个寡妇发誓会全部还清！"见此，讨债的人只好悻悻离去。

王氏和徐氏既要维持一家人的日常生活，又要还债，生计颇为艰难，在卖光首饰和所剩田产后，只能靠白天纺织，晚上糊纸钱，然后拿到市场上去卖来维持生活。两人忍饥挨饿，赚来的钱除去日常开支后，都积累起来还债。有好心人劝他们拖延还债，王氏却说："不能让人责骂去世的丈夫，也不能让儿子将来没有面目见人。"经过三年艰辛，终于连本带息还清了所有债款。

在孤儿寡母、生活极为艰难的情况下，王氏与徐氏两位母亲仍然为汪辉祖择师，严厉督促他读书，以振兴家道。不过汪辉祖的科举之路并不顺利，随着经济压力的不断增大，他选择了从事收入较高的师爷"以幕养学"。因为他的父亲当过师爷，并自感"有损吾德"而自动"辞职"，所以他的母亲们最初并不同意，在他发誓"决不负心造孽"之后才同意。

在后来的师爷生涯中，汪辉祖的确做到了始终刚直不阿，光明磊落。在公事上，他从不轻易附和，更不会曲意逢迎。有一回，汪辉祖发现案情疑点，重新查证，找出了真相。然而他草拟的判词却被幕主屡屡否决，因为幕主担心翻案会影响自己的政绩考核。但汪辉祖据理力争，宁肯辞去刑名师爷的职务，也坚持翻案，最终迫使幕主不得不接受翻案意见。由于这件事，时人送了他一个外号叫"汪七驳"。

汪辉祖为人正直的处世品格，除了源自两位母亲的教导之外，也与祖父和父亲的深远影响分不开。他做师爷时总是随身携带着一幅自撰对联，"苦心未必天终负，辣手须防人不堪"，就是为了牢记祖父的训诫，为人做事要宽厚仁慈。他的父亲也总是借机教他做人的道理。一次，汪辉祖见两件陶器从桌上摔了下来，薄的那只摔得粉碎，厚的那只却完好无损，父亲就对他说："做人所积累下来的福泽，需要耐得住被剥削几层，才能传给子孙。像布一样，像缎一样，自然就耐久一些；像绢一样就薄而容易碎了。就算差一些的像纸一样，那也要做高丽的纸，可以揭出好几层；如果是一张竹纸，用手一碰就破了。"

第八章　商人与家风：试论浙商名人家风

第一节　商人家风的提出

我国当今社会是一个市场经济空前活跃与发达，大众创业与万众创新齐放光彩的高度商业化的社会。在这样一个高度商业化的社会里，商人群体是较为广泛与重要的群体，其影响面与辐射面都非常广，商人的家风家教对社会风气的走向发挥着重要的影响，对社会的稳定与和谐发挥着至关重要的作用。

一、商人释义

商人，据民国三年《商人通例》称：从事买卖业、制造加工业、供给电气、煤气或者自来水业、出版业、印刷业、银行业、钱庄业、信托业、保险业、运输业、旅馆业、服务业、牙行业、房地产业、建筑业等行业经营活动的从业人员，均称商人。虽然该《通例》所罗列的行业种类已不再适合当今的情形，但它所采用的广义商人的概念今天仍可沿用，可以说，凡在国民经济各部门、各行业从事经营活动的人，都可称为商人。

“商人”一词的起源，与我国的商朝有着千丝万缕的联系。原始社会后期，人类社会出现了以物易物的交换活动。到了夏代，在社会上便游离出一部分专门从事交换的人。4000 多年前，黄河流域居住着一个古老的部落，首领契因为帮助大禹治水有功，被封于商，也就是古代的商族。“商人”是从“商族人”这个词演变而来的。契的六世孙王亥聪明多谋，他把牛训练得既能驮货物又能拉车，他经常率领奴隶，驾着牛车拉着货物，到外部落去做生意，外部落的人便把他们这些做生意的人称为“商人”。在中国商业史上，王亥从事商业贸易并因此被杀害的记载是中国古代文献关于商业和贸易行为的最早记载。商部落到了商汤时期建立了商朝。随着历史的发展，虽然后来生意人已不再以商朝人为主体，但商人一词作为生意人的代称一直沿袭至今。

在农业经济占绝对优势的传统社会，“农本商末”的观念是传统经济思想的主调，商人居于“四民”之末。但在中国的一些地方，商业文明的历史源远流长。以浙江为例，早在春秋战国时期，越国谋士计然就提出了“农末俱利”的思想，被称为“陶朱公”的越国大夫范蠡在民间一直被尊称为商人的始祖。秦汉以降，被称为“蛮夷”之地的浙江，商业流通日益频繁，商贾外出经商之风日盛。唐宋时期，浙江商贾云集，成为当时商品经济最发达的地区之一，商贾的足迹开始向海外扩展。明清时期，浙东商帮代表宁波帮、浙西商帮代表龙游帮跻身全国十大商帮之列。就其他省份而言，跻身全国十大商帮的还有山西晋商、徽州徽商、陕西商帮（秦商、关陕商人）、福建闽商、广东粤商、江右（江西）赣商、山东鲁商和苏州洞庭商帮。

二、商人家风研究梳理

目前关于商人家风家训及家庭教育的研究总体上为数不多，主要集中在两个方面：一是从整体层面对中外商人家风家训及家庭教育的研究；二是从个体层面对某一类商人群体如晋商、徽商等的家风家训及家庭教育的研究。相对而言，从个体层面对某一类商人群体家风家训及家庭教育的研究数量更为丰富。

（一）从整体层面对中外商人家风家训及家庭教育的研究梳理

从整体层面对中外商人家风家训及家庭教育的研究，主要涉及我国古代商贾家训的内容及其借鉴，日本商家家训及中日近世商人家训比较，近代早期英国商人的家庭教育研究等。如徐少锦（1998）对中国古代商贾家训的发展进行了梳理，将以明清时期为代表的中国古代商贾家训的主要内容概括为教导子弟从小立志从商、教导子弟当好学徒、教育子弟遵行从商道德、教育子孙以商儒官三位一体为理想抱负与人生价值追求。程永明（2001、2007）对中日近世商人家训进行了比较，对日本商家家训的基本特征进行了研究，指出两国商人在和孝、勤俭等商业伦理等方面具有共性，日本商家家训的基本特征表现为核心功能重在家业、训诫对象超越家族、实用主义色彩浓厚和教育形式灵活多样。宋军风（2004）指出唐代商人的家庭教育呈现惨淡状况，唐代商人家庭对子女的教育实际上起到了许多负面作用，商人家长对子女的“风化”作用值得注意，应以史为鉴，重视现代商人的家庭教育问题。田欣（2011）对宋代商人家庭进行了全面的研究，指出与宋代乡村小农家庭、明清商人家庭相比，宋代商人家庭的观念特色体现在三个方面，即“尚官进而入仕”的社会价值取向，“重家胜过经商”的家庭观念和“善变但更求稳”的生活理念。宋代商人家庭父子间营生旨趣、家风传承的差异使商人家庭走向了兴家、败家两条不同的发展轨迹。王瑞红（2017）指出自16世纪起，英国步入现代社会转型的关键时期，在贸易立国思想影响下，商业成为社会经济的核心，商人也从社会的边缘走向中心位置。但总体上看，商人的教育还未得到社会足够的重视，家庭仍然是施教的主体。在商业迅猛发展与变革而公共金融体制缺场和滞后的背景下，商人的家庭教育呈现出“德业并举、以德为重”的特征，以培养孩子对金融脆弱性的感知教育为宗旨。这对造就重信守诺、勤勉节俭、理智谨慎的高素质商人起到了积极作用。

（二）从个体层面对某一类商人群体家风家训及家庭教育的研究梳理

从个体层面对某一类商人群体家风家训及家庭教育的研究，主要涉及明清时期晋商、徽商的家风家训及家庭教育研究。如宗韵（2004）全面考察了明清徽商家庭教育的相关问题，指出明清徽商对家庭教育高度重视，通过耳提面命和尺牍传教、以身示范和史例引导、严慈相济和因材施教等方式方法，强调培养子弟的道德品行，重视子弟文化知识的获取，突出训练子弟经商理财的能力。陆贤涛（2004）指出明清徽商从为子弟谋生和光大门楣的愿望出发，对家庭教育倾注了大量的心血，采取了多种教育手段，提升了子弟的文化素质，树立了良好的商帮形象。李少华（2008）指出晋商后代子弟的教育以私塾式家庭教育为主，有为入仕而准备的儒学教育和服务于商场的职业教育两种类型，并且辅之以定期和不定期的家史教育，以此来磨砺子弟的品行，提高市场应对能力，以延续家族的商脉。郑勤力（2014）从重视家规与家风、学而优则商、为家族买官来提高社会地位等方面分析了晋商的家庭文化。王世华（2014）从孝亲、教子、修身、友爱、睦邻、交友、勤俭、诚信、创业、守法、助人、义行等十二个方面考察了徽商的家风。王志华、朱小阳（2015）指出良好的家风是徽商能够延续数百年之久的重要因素之一，将徽商家风的精神提炼为家庭、教育、经商、公益等方面。孔康平（2016、2017）指出徽商是明清时期重要的大商帮，延续时间之久与其良好的家风有着深刻的渊源。探索明清时期徽商的家风，对于新时期家风的培育以及社会主义精神文明建设具有重要意义。徽商良好的家风孕育了徽商及其子孙后代优秀的个人素质，这种世代相传的精神文化主要表现在“敦孝悌”“敬祖宗”“务正业”“睦宗族”“懂勤俭”“积功德”“守法律”“重诗书”“讲诚信”“立品行”“慎交友”等方面。“朱子家礼”等先贤儒学、国家法令制度、古代徽州族规家法等是徽商家风内涵的主要来源。要正视徽商家风中消极的一面，结合历史传统，批判地对徽商家风进行继承和发扬。伍胤鸿（2018）指出徽商有着儒商风雅、重视教育、信义至上、“徽骆驼”精神等独特的优良家风传承。这些优良家风文化一定意义上可以成为社会主义核心价值观建设的源头活水，同时也能够成为青少年培养正确价值观的鲜活教材。因此，可以利用徽商优良家风建设来提升社会主义核心价值观的践行效果。注重理论与实践相结合，注重取长补短，注重与时俱进，从而更好地推动徽商优良家风传承和社会主义核心价值观建设共同进步。

以上关于商人家风家训及家庭教育的研究为浙商的家风传承与构建提供了坚实的基础与许多可资借鉴的内容与视角，但关于商人家风家训及家庭教育的研究还存在进一步探索与开发的空间。一是研究的背景多为重农抑商的传统社会，关于现代商人群体的家风研究欠缺；二是研究的对象多为明清时期的徽商、晋商等世家官商、儒商，对在历史上曾具有重要地位的浙江龙游商帮、南浔丝商、宁波商帮等的家风家训及家庭教育的研究相对较少；三是对传统商贾家风家训的时代转化与传承方式、路径等研究可以进一步推进，进而对中国特色社会主义伟大实践下的当代商人尤其是作为“当代中国第一商帮”的“民商”——浙商草根群体的家风构建起到具体的实践指导意义。

第二节　浙商名人家风考略

“浙商”一词是相对于晋商、徽商、潮商等概念提出来的，一般指浙江籍的商人和实业家的集合。浙商的历史源远流长，其“文化基因”可以追溯到中国商业的萌芽时期，古越国丞相、被尊为中国商人祖师爷的陶朱公范蠡是浙商的鼻祖。浙商有新旧之分，明代之后至近代的浙商往往被称为旧浙商，主要包括曾有“遍地龙游”“无宁不成市”之说的龙游商帮与宁波商帮。新浙商是指与改革开放同步发展起来的浙商群体，主要包括温商（温州商人）、台商（台州商人）、越商（绍兴商人）、甬商（宁波商人）、杭商（杭州商人）、婺商（金华地区商人）等。伴随着市场经济的兴起与发展，新浙商“一有土壤就发芽，一有阳光就灿烂”，截至目前，浙商已经发展成为在全国范围内人数最多、实力最强、分布最广的经营者群体和投资商人，被称为“当代中国第一商帮”。

浙商，尤其是宁波帮，名闻天下。明清时期，宁波帮跻身全国十大商帮，与晋商、徽商等并列。20 世纪下半叶移师港台，异军崛起，在香港十大富豪中，宁波帮曾占有 3 席，在为数不多的世界船王中，宁波帮占了 2 位。历经 300 多年的发展，全国十大商帮中唯宁波帮硕果仅存，在当代依然曲折而持续地发展，演绎着传统宁波帮—近代宁波帮—海外宁波帮—当代宁波帮的完整谱系。

浔商，是 19 世纪中叶至 20 世纪初期，在浙北古镇南浔崛起的一个经营蚕丝而发家的实力雄厚的经济集团。当时，南浔民间以资产排序，家产一百万两白银以上者为“象”，五十万至百万者为“牛”，三十万至五十万者为“狗”，因此有“四象八牛七十二金狗”之说。据粗略估算，整个浔商的总资产超过6000万两白银，相当于清末政府全年的总收入[①]，达到“富可敌国”的程度。浔商以其雄厚的财力活动于上海及其他江南地区，其兴起之快，经营资本之巨实属罕见，是浙江近代经济社会史上颇为典型的个案。自20世纪20年代以后，浔商如同当年迅速崛起那样又很快衰落，不过后代浔商群体依然在历史上绽放出耀眼光芒。

本节尝试通过对宁波帮、浔商的几位代表人物——包玉刚、董浩云、邵逸夫、王宽诚、顾乾麟的成长背景、事业历程、日常生活、社会活动等方面资料的梳理与研究，将其所包含家风家训的内容与价值进行剥离、挖掘和提炼，从而从一个侧面了解浙商名人的核心价值，感受浙商名人家风中传统与现代、个体与家国的完美交融。

一、包玉刚家风

（一）包玉刚其人

包玉刚，1918年11月16日出生于浙江省镇海县庄市镇钟包村。1926年，进入由清末实业家叶澄衷创办的叶氏中兴学校就读。1931年，只身前往湖北汉口，跟随常年在汉口经营一家名为“平和”鞋帽庄的父亲学做生意，同时坚持上夜校，学英语，不久进入英商安利洋行保险部任实习生。卢沟桥事变后于1938年赴“孤岛”上海，进入中央信托局保险部工作，逐渐成为中央信托局“十三太保”的业务骨干之一。1939年被派往昆明，供职于中央信托局昆明办事处的保险部。因业务出色，被亚西实业银行总经理、中国工矿银行最大股东陈敦甫看中，受聘到湖南衡阳，任亚西银行襄理兼中国工矿银行副理。1944年夏日军发动豫湘桂战役时，撤离衡阳到陪都重庆，任中国工矿银行重庆分行经理。1945年抗战胜利后，被派往上海，参与接收日本帝国银行大厦横滨正金银行，任新筹建的上海银行营业部经理，1948年升任上海银行副总经理兼业务部经理。1949年

① 许发祥、赵书刚：《近代浙江浔商兴衰新探》，《贵州社会科学》2011年第5期，第105—108页。

3 月，在乱世之下举家迁往香港。

初到香港的包玉刚，与他人合伙开设一家“新联公司”，从事与内地的进出口贸易。抗美援朝战争爆发以后，长时间的经济限制使香港的对外贸易受到严重打压，新联公司的经营状况每况愈下，包玉刚遂改行投身航运业。1955 年，创办环球轮船公司，借钱购得第一艘船——燃煤旧货轮“金安号”，有别于绝大多数船东所采用的“程租”，他以“期租”的方式租给日本山下汽船公司，经营印度至日本间的煤炭运输。随着 1956 年 7 月苏伊士运河事件的发生以及 1957 年 3 月第二次中东战争的结束，包玉刚凭借长期、稳当的“期租”方式，在苏伊士运河封闭、船租暴涨狂跌的过程中，壮大了经济实力，也日渐声名鹊起，其公司旗下的旧货轮增至七艘。

1962 年，利用从时任汇丰银行总会计主任桑达士处所获得的贷款，包玉刚在日本订造了第一艘新船，取名“东樱”号，是一艘运木材的船，由加拿大运至日本。自此，包玉刚与桑达士、“环球航运”、汇丰银行在互利互惠的基础上联手发展，越来越密切。“从 1961 年到 1968 年短短 7 年间，船队所拥有的轮船达到 50 艘，船运载重达 1300 万吨左右，总值 4 亿美元。”[①]1974 年，包玉刚的海上王国达到顶峰，拥有 202 艘船。1976 年，他被美国《新闻周刊》封面文章尊为“海上之王”。“到 1979 年，包玉刚创办的环球航运集团拥有的两百多艘船只载重量已经达到了两千万吨，其中油轮占总吨位的六成。环球航运集团成了世界上最大的独立航业集团，他成功登顶世界船王的宝座。”[②]

20 世纪 80 年代初，包玉刚在航运业辉煌的时期急流勇退，弃海登陆，成功收购英资九龙仓、会德丰，建起陆上商业王国。后又牵头筹组港龙航空公司，染指航空业，期待建立空中王国。1990 年，包玉刚把他的港龙股份最后转让给香港中信公司荣智健，弃海登陆、陆地起飞、飞向蓝天“三级跳”的构想最终失败。与此同时，其对渣打银行的投资也不幸失利，重温银行家的梦想也归于破灭。不过这两项失败的投资，没有影响到包玉刚在香港乃至国际经济界举足轻重的地位，他的投资遍布世界各地，业务涉及地产、运输、酒店、通信、百货、电脑科技和传媒等领域。

① 包陪庆：《包玉刚 我的爸爸》，浙江大学出版社 2010 年版，第 62 页。
② 葛璐：《包玉刚新传》，中国商业出版社 2014 年版，第 139 页。

包玉刚不但威震商界，他还是商界里结识最多外国首脑的政治活动家。在改革开放时期，他献计献策，承担起中外友好合作交流的重任，搭建了中国与世界交流沟通的桥梁。他热爱祖国，拥护“一国两制”，任香港特别行政区基本法起草委员会副主任委员。他乐善好施，热情支持祖国建设，捐资兴建北京兆龙饭店、宁波大学、上海交通大学包兆龙图书馆、包玉刚图书馆、杭州包玉刚游泳场等，设立包兆龙包玉刚中国留学生奖学金等，捐款赈济灾民，促进故乡建设。

包玉刚爱国爱港爱乡爱民，对国家发展、教育改革，香港经济起飞和顺利回归做出了重大贡献，成为港澳同胞和海外侨胞中受到邓小平会见次数最多的人。1991 年 9 月 23 日，包玉刚突发哮喘在香港寓所离世，享年 73 岁。邓小平以“生前好友”名义送去花圈，并派女儿邓榕专程赴港出席葬礼，在唁电中说道：“先生热心祖国建设，为实现‘一国两制’身体力行，功在国家。”

（二）包玉刚家风的价值凝练

1. 注重诚信，信誉为上

包玉刚认为信誉是立业之本，他把信誉看得极为重要，关于信誉的话语随处可见：“在这个国际社会里，生活方式、行动和从前不一样。……但商业道德这上头，还是老传统好。要有信誉，有信用才行，这里面关系很大。”“签订合同是一种必不可少的惯例手续，纸上的合同可以撕毁，但签在心上的合同撕不毁。人与人之间的友谊，建立在互相信任上。”在环球航运公司财务主管李伯忠上班第一天起，包玉刚就给他定了一个不可违背的规定：银行的钱，宁可早还，如果明天到期，宁愿今天还，绝不能逾期不还。包玉刚对客户同样要求讲究信誉。有一次，他看在一位朋友的分上，把一条船租给了一个港商，是 6 个月的短期合约。在签约之前，包玉刚已经对这位港商进行了详细了解，他听说这个人是一个投机商人，名声不太好。只是碍于朋友的面子，才勉强同意短期租借。然而，租约到期之日，正值苏伊士运河关闭，运费飞涨，那个港商见有利可图，便千方百计想继续租借，并主动把租金提高了一倍，还说可以用现金预付三分之一的费用。但包玉刚不为所动，坚持收回了自己的船，并把船以相对偏低的租金长期租给了一家信誉良好的日本公司。包玉刚没有因为贪图小便宜而抛弃信誉，在金钱与信誉的天平上，他选择了后者。

人的身体有生物遗传基因，同样，人的道德品性也有文化遗传基因。家风作为一种可以通过模仿来传递的文化遗传因子，具有文化传承性。包玉刚注重诚信、信誉为上的品格与包氏的诚信家风一脉相承。据考证，包玉刚为北宋名臣包拯的第29代孙。包拯去世前留下家训："后世子孙仕宦有犯赃滥者，不放归本家；亡殁之后，不得葬于大茔中。不从吾志，非吾子孙。"因为治家严谨，包氏后代凡当官者，均"报国清廉"，凡经商者，皆"诚信为上"。包玉刚的太祖父、包拯的第21代孙包奎祉，一名小丝绸商，曾有归还5000两银票的"拾金不昧"故事。包玉刚的父亲包兆龙，一名鞋帽商，做生意最讲究"信誉"二字。他不愿卖劣质的商品，每次进货都选择质量上乘的鞋帽，也从不胡乱开口要价赚黑心钱。后来他在上海开设钱庄、国丰造纸厂等，无论在哪里谋职，都能在人格上以德服人，在客户心里建立良好的信誉。

2. 注重教育，严格要求

包玉刚勤奋好学，非常注重学习。当年远离家乡，到汉口跟随父亲学做生意，一直坚持上夜校和学英语。在刚刚投身航运业时，曾被形容成"分不清船的左舷、右舷"，但他刻苦自学，买了大批关于航运、船舶等方面知识的书籍认真研读，并亲自上船钻研船务，从船头到船尾，誓把一切都弄清楚，他还不耻下问，经常请教同行。"当1961年他着手购买第一艘万吨级货轮时，他对造船学和机械工程的熟悉与精通，已经不亚于他对金融学和银行业的了解。在一些同行的聚会和公司的会议上，他可以侃侃而谈。谈吐中的技术含量，令专家也目瞪口呆。在短短的几年间，包玉刚从一个彻头彻尾的'船盲'变成了一个彻里彻外的行家。"[①] 她的长女包陪庆后来在《包玉刚 我的爸爸》一书中说，如果不是年轻时好学，爸爸可能永远只会在祖父的鞋店里工作，不会从事银行管理，不会从重庆走到上海，又从上海跑到香港，更不会从事世界航运业，走向世界！

包玉刚还非常重视孩子的学习和教育。包玉刚共有四个女儿，长女包

① 戴光中：《浙江籍港台巨商》，中国社会科学出版社2008年版，第264页。

陪庆、次女包陪容、三女包陪丽、四女包陪慧。在那个十分重男轻女的时代，他并没有传统地认为女儿无才便是德，而是严格地要求她们多读书，努力学习知识，将来能够独立谋生。最终四个女儿全都读完大学，长女包陪庆还在芝加哥大学读完硕士。据长女包陪庆回忆：包玉刚在刚到香港与他人合伙开设贸易公司时，每天回家的时间早些，下班后的第一件事便是检查她的作业，耐心地听她背书，无论是背漏还是背错一个字，都要求她再默读几遍，遇到考试没考好时，便拿出一根木尺打她的手心，错几个就打几下。作为长女，包玉刚对她“争第一”和“大姐必须严格”的要求，深深地在包陪庆的心里扎了根，成了她终身的标准。

3. 注重家庭，谨守孝道

包玉刚是一个非常注重家庭的人，他在追寻自己事业和梦想的同时不忘家庭。初到香港的几年，包玉刚在家的时间相对多些，常常带着一家老小到周边的公园游玩。周末也会组织一些活动，跟同事们和他们的家人一起郊游。后来投身航运业，每逢公司聚餐也都要职员带着妻子、孩子同来。他说有了稳定的家庭才能集中精神工作，才会有成就。他为孩子们营造了一个温馨和谐的家庭环境，让孩子们从小就感受到家庭的关爱和温暖。温馨的家庭生活不仅成为包玉刚事业上强大的后盾，对家庭的责任更是成为他不断前行的动力。当被问到为什么工作这么辛苦、努力时，他只是回答：公司有上千号人，他们都有一家老小，要对他们负责，而且自己家中也有九十多口人要扶养。

包玉刚还和坚守“父母在，不远游”教诲的祖先包拯一样，谨守孝道，对父母非常孝顺。包玉刚最初想去汉口跟随父亲读书、学做生意时，母亲陈赛琴觉得他还小没有答应，后来他用自己的实际行动证明了自己有能力独立生存，在获得了母亲的准许之后，才启程外出。包玉刚的母亲有时会在家里与朋友们搓麻将到深夜，包玉刚虽与打牌、搓麻将终生为仇，但他对母亲非常孝顺，当面从没说过什么，只是不准孩子们在旁边看。包玉刚对他的父亲也极其孝顺，从未张口说过一个“不”字。当初想投身航运业时，最大的阻碍来自于他的父亲。后来包玉刚通过自己的努力，理性、执着地成功说服父亲，待父亲点头之后才去买了第一艘船。包玉刚还将自己捐款建造的饭店、图书馆、医院等都以父亲的名字来命名，如北京兆龙饭店、上海交通大学的包兆龙图书馆、兆龙路等。包兆龙去世后，包玉刚特意将一张与父亲真人一般大小的照片挂在墙上，每当走进办公室，都先向父亲致意。“没有父亲就没有我”，为了表达对父亲的高度尊敬，包玉刚把环球公司名誉主席的头衔永远地授予了包兆龙。

4. 注重节俭，勤俭建业

包家家风节俭，包玉刚的父亲包兆龙生前立下遗嘱：去世后把自己穿过的衣服送给子孙们留念。包兆龙通过一件件衣领袖口都磨破了的衣服，教育儿孙们不要忘记中国人勤俭朴实的美德与创业的艰辛。包玉刚终其一生信守包家的节俭家风，践行“勤俭建业”的人生信条。他生性节俭，不好享受，一直穿一件补过好几次的破旧毛巾浴袍去游泳。他也一直以此来教育子女。上初中时，长女包陪庆看班里有的女同学脚下的皮鞋经常换，也要求爸爸给她买鞋，包玉刚却说：“记住，鞋是用来穿的，不是用来摆阔的，有鞋穿就不用买鞋！”在女儿提出要用他的游艇和她的朋友们去海上游玩时，他就是不答应，他认为这不是女儿应该享受的。

身教重于言教，更胜于言教。他的女儿们从小就学会了依靠自己立身于世，辛勤建业，勤俭持家，也将这一勤俭家风传给了下一代。过去包陪庆的子女要外出时，都是自己去坐巴士或是乘地铁，如果要用她的车，必须告诉她为什么、去什么地方、用到什么时候，这都是包玉刚遗留下来的传统。据她的小儿子苏文骏回忆说：在 12 岁之前他基本没有过一件属于自己的新衣服，穿的都是哥哥穿过的。记得 10 岁时有次妈妈带他去买衣服，因为他长得很快，妈妈就说买一条大一点的裤子。后来，这条裤子他穿了 3 年都觉得有点大。

“持恒健身，勤俭建业”是包玉刚的座右铭，也是他的治家格言。这八个字镌刻在他位于美国夏威夷墓园的黑色墓台上，也镌刻在他第二代、第三代以及更多后人的心里。

5. 注重家国，爱国爱乡

包玉刚虽然生性节俭，不乱花一分钱，但他谨记先父包兆龙先生的遗训：落叶归根，建设家乡，热爱祖国。虽然身在海外，但他心系家国，热心支持家乡和祖国的建设与发展，创办了许多社会福利、教育与公益事业，包括 1979 年各捐资 1000 万美元兴建北京兆龙饭店和上海交通大学包兆龙图书馆，1983 年与 1985 年分两次共捐资 200 万美元设立包兆龙包玉刚留学生奖学金，1985 年率先捐资 2000 万美元创办宁波大学，1986 年捐资 650 万港元与其他叶氏中兴学校旅港校友凑足 1000 万港元恢复建造中兴中学等等。此外，包玉刚对香港回归，促进中国与国际的交流合作，家乡宁波的开发开放等方面所做的贡献更是难以用金钱来衡量。原国务院港澳办主任鲁平曾说："包玉刚先生就任基本法起草委员会副主任后，一直为起草基本法、为'一国两制'在香港的实现，为了保持香港的长期繁荣稳定，出了很多主意，出了很多力，以致呕心沥血。"①

在包玉刚的带动、引领下，他的女儿女婿以及其他家族成员都续写了"爱国爱乡、造福桑梓"的佳话。热爱祖国、造福桑梓、乐善好施、回馈大众、捐资助学、铺路修桥、前赴后继、代代相传，构成了包氏家族的群体行为。包陪庆等包氏四姐妹以给父亲庆祝七十大寿的名义捐资 500 万港元在故乡宁波兴建了包玉刚图书馆；陆续出资捐建了宁波大学包玉刚图书馆，宁波大学包氏奖学金，宁波大学包氏四号、五号教学楼以及上海交通大学包氏奖教金等等。为了使香港居民特别是青年学生深入了解《中华人民共和国香港特别行政区基本法》的内容，包陪庆、苏海文夫妇在香港大学出资 100 万美元设立包玉刚爵士公法讲座，成为香港宣传基本法的权威阵地。包氏家族的其他成员，如包玉刚长兄包玉书、胞妹包素菊与包丽泰、夫人黄秀英、妻舅黄钧乾、妹夫张培明与李伯忠、女婿吴光正等，也都在香港、宁波、上海等地有多项大宗捐赠。包玉书、黄秀英、包素菊、包丽泰、包陪庆等多人被授予浙江省"爱乡楷模"和宁波市"荣誉市民"称号。

二、邵逸夫家风

（一）邵逸夫其人

邵逸夫，1907 年出生于浙江宁波镇海县庄市镇朱家桥老邵村祖庭，原名邵仁楞。香港电视广播有限公司荣誉主席，邵氏兄弟电影公司创办人

① 陈厥祥：《包氏家族与宁波帮精神》，《宁波大学学报（人文科学版）》2003 年第 4 期。

之一，香港知名的电影制作人、娱乐业大亨、慈善大家。邵逸夫在家里兄妹 8 人中排行第六，所以在其成名后又被外界尊称为“六叔”。

邵逸夫的父亲是上海锦泰昌颜料公司的老板。但邵逸夫长大后，邵氏家族已经家道中落，只有一栋上海的老房子和一家名为“笑舞台”的上海剧院。当时邵氏兄弟选择卖掉房子，以此买来一部电影摄影机，并于 1924 年在上海出品了中国第一部故事片《立地成佛》，获得极大成功。1925 年，邵氏兄弟在上海成立“天一影片公司”，这也是邵氏兄弟电影公司的前身。

1926 年，邵逸夫从上海青年会英文中学毕业后，在家备战高考，希望考取天津的南开大学。但由于长兄邵醉翁创办的天一影业制片公司业绩斐然，对其他电影公司构成了威胁，遭到了业界的“六合围剿”，上海、北京、南京、天津、香港等多地的电影院拒绝放映天一公司的新片，危难之下邵逸夫受大哥派遣，应三哥之邀，远赴狮城新加坡辅佐负责影片对外发行的三哥邵仁枚开辟南洋市场。

在初到新加坡的岁月里，由于戏院突破的困难，兄弟俩因地制宜，带着一架无声放映机和天一公司出品的影片，在新加坡以及马来西亚的乡间地头进行巡回放映。他们几乎跑遍了新加坡和马来西亚的大小乡镇，不辞辛苦奔走乡镇做流动放映的小生意，在南洋逐渐打开了市场，站稳了脚跟。

“九一八”事变发生后，因上海的局势不稳，“天一影业”决定迁往香港发展，并建立了“天一港厂”。邵逸夫任制片和导演的中国首部有声电影《白金龙》上映引起轰动，将中国观众带入“有声时代”。战后，邵氏兄弟回港重建业务，并于 1948 年将“南洋影片”改名“邵氏父子”。1957 年，邵逸夫回港买下清水湾地皮，兴建邵氏影城，成立了“邵氏兄弟（香港）有限公司”，拍摄过逾千部华语电影。20 世纪 60 年代末，创办香港电视广播有限公司（即“无线”电视台），成为香港电视发展史上的一个重要里程碑。邵逸夫几乎经历了从默片到有声、从黑白到彩色、从时装到古装、从黄梅到武侠、从电影到电视的所有娱乐“世代”，在我国电影史上写下了诸多的“第一”和“之最”。

较之影视大亨、商业奇才，邵逸夫更为人们熟悉的角色是慈善家。他历年捐助社会公益、慈善事务超过 100 亿港元。1985 年开始，邵逸夫在我国大陆地区持续捐资办学，全国各地的大中小学多有以邵逸夫命名的“逸夫楼”。20 多年间，他共向内地捐赠了 47.5 亿港元，兴建了 6000 多个教育和医疗项目。2008 年，民政部授予邵逸夫“中华慈善奖终身荣誉奖”。国务院副总理刘延东这样评价他：“邵逸夫一生爱国爱港，艰苦创业，慈善济世，令人敬佩，曾担任港事顾问，为香港顺利回归和繁荣稳定发挥了积极作用。作为一位卓越的实业家，他在创造商业奇迹的同时，为香港乃至中国影视事业的繁荣、走向世界做出了贡献。作为一位著名的慈善家，邵逸夫多年来致力于支持教育等社会公益事业，为促进祖国内地的教育和科学事业发展做出了重要贡献。”

2014 年 1 月 7 日凌晨，邵逸夫逝世。国家主席习近平在唁电中写道：“邵逸夫先生一生热爱国家，关心民祉，慷慨捐赠，惠及多方。其爱国之情，其为国之志，人们将铭记在心。”

（二）邵逸夫家风的价值凝练

1. 勤勉努力，积极进取

邵逸夫原名邵仁楞，号“逸夫”。对于为什么取这样一个号，邵逸夫曾解释说：“宁波人从小立志要做大事，头等大事就是经商，一生从商，终身忙碌。取这个名字是希望自己以后闹中取静，忙里偷闲，安然度过一生。”但在邵逸夫横贯世纪的一生中似乎总在扮演拓荒者的角色，绝无闲暇之时。他的职业生涯从 19 岁一直延续到 104 岁，历时 85 年，他是香港乃至全球最高龄、任期最长的上市公司主席。

邵逸夫工作非常勤勉，刻苦努力，“懂得捱，能吃苦”，年轻时曾有一天看 9 部片子、一年看 700 部片子的纪录。他像一部开足马力的机器一样，一直在转动，每天工作时间长达 16 小时，数十年如一日。为了挤出更多的时间工作，他甚至对自己的座驾进行了改造，连在路上的时间都充分利用了起来。据邵氏当家导演张彻回忆：“邵逸夫当年治事之勤，是我生平罕见，他坐的劳斯莱斯是名贵豪华的车，车里有酒吧，他改装成小型办公桌，连途中的时间都不浪费。”[①]

---

① 任芳：《品人生．邵逸夫——中华首善的百年传奇》，西安电子科技大学出版社 2015 年版，第 183 页。

邵逸夫的英文名字为“Run Run Shaw”，Shaw是邵的音译，“Run Run”是邵逸夫原名“仁楞”粤语发音的音译。但大多数人愿意选择“Run Run”为不断奔跑、跑来跑去、勤奋与坚韧的解释（英文“Run”意为跑）。邵逸夫在初到新加坡开拓南洋电影市场的岁月里，由于戏院突破的困难，他和三哥邵仁枚带着一架无声放映机和影片，不辞辛苦地奔走在新加坡、马来西亚的乡间地头、园林矿场进行巡回放映，饱受颠簸之苦。遇到路不好走的时候，他们就像苦力一样，扛着沉重的电影机和影片徒步跋涉。在一个地方放完一场电影之后，他们就拆卸帐篷，收拾放映机，接着赶到下一个地方去放映。为了节约开支，兄弟俩还常常幕天席地、风餐露宿，有时为了赶路，一天下来连口水都顾不上喝。正是凭借着这种跑来跑去的精神，他们逐渐在南洋打开了市场，站稳了脚跟。

邵逸夫是一个精通业务的电影企业家。他熟悉电影制作几乎每一个方面和环节的工作。从剧本、摄影到导演、演员的选聘以及化妆、剪辑，他样样在行，在影片推广、发行、剧院管理上更是行家里手。尽管他受教育的程度不高，但他干一样，学一样，从不懈怠。他从最卑微的职位做起，一步步奋斗，最终成为电影公司的大老板。

2. 诚信从商，质量至上

邵氏世代以商为业，从祖辈起一直在朱家桥镇上开着一家颇有信誉的漂染行。邵逸夫的祖父虽然没有把漂染事业做到朱家桥以外，但是他的诚信经商的家风给邵逸夫留下了较深的印象。①

邵逸夫的父亲邵玉轩（邵行银），1901年将祖传“邵氏锦泰昌”漂染行搬到了十里洋场上海。在刚到上海的最初几年生意冷清，但由于邵玉轩继承了邵氏家风，做生意讲信誉，几年后生意越做越昌盛。“多年来他严格恪守的经商原则是，如不把顾客送来的衣料漂上5遍，染上3遍，他是坚决不许伙计们把衣料送到顾客手中的。在所有成品衣料送出店门之前，每块料子都必须经过几道工序的检查，只要邵玉轩发现布料中有半个花点，他轻则对发货的伙计严加训责，重则不客气地把伙计当场解雇。”②

① 任芳：《品人生：邵逸夫——中华首善的百年传奇》，西安电子科技大学出版社2015年版，第4页。
② 窦应泰：《邵逸夫家族传》，华夏出版社2008年版，第4页。

“邵氏出品，必属佳片”，这句邵氏公司的口号宣示着邵逸夫的质量观。邵逸夫对邵氏影片每每都是严格把关，他宁可烧掉不满意的片子，也不要倒了邵氏出品的牌子，决不允许一部烂片流入市场。邵逸夫烧掉的影片有十多部，他认为劣片投放到市场虽然会收回一些成本，但观众看了之后一定会不满意，有种上当受骗的感觉，看多了，自然就会对品牌失去信心，影响声誉。

3. 投身慈善，仁爱善良

邵逸夫早年跟随母亲信佛，毕生持守佛教信仰，曾经捐款修建香港湛山寺，拜访佛教名刹白马寺，他的葬礼也以佛教规制举办。邵逸夫将佛教、中国传统文化和现代工商事业进行了完美的结合，他之所以能登上慈善事业的顶峰，成为慈善大家，源于他根深蒂固的中国优秀传统文化的素养和爱国爱民的赤子之心，他的慈善观也由道德走向了责任。

邵逸夫作为企业家无疑是精明的，他精通业务，市场敏锐度极强，对成本锱铢必较，但企业家的精明并没有让他成为唯利是图的商人。1973 年，邵逸夫在香港成立了私人慈善基金组织——邵氏基金会，开始向香港的教育和慈善机构大量捐款资助。1985 年 1 月，邵逸夫以邵氏基金会的名义向台湾、澳门、香港的部分大学和医院捐出 1.06 亿港元，开始了日后大规模的慈善与捐赠。20 世纪 80 年代中后期，邵逸夫的慈善之举延伸到内地，从 1985 年起，平均每年向内地捐赠 1 亿多港元，用于支持各项社会公益事业。据中国教育部官网 2014 年 1 月 7 日的消息，自 1985 年以来，邵逸夫通过邵逸夫基金，连年向内地捐赠巨款建设教育教学设施，迄今赠款金额近 47.5 亿港元，建设各类项目 6013 个。[①]

在很多人的心目中，“逸夫”早已经不是一个人名，而是一个美好的符号，代表着漂亮的教学楼、完善的仪器，更代表着“达则兼济天下”的爱国情怀。“我的财富取之于民，应用回民众。一个企业家的最高境界就是慈善家。”邵逸夫如是说。邵逸夫的长子邵维铭亦秉承了他的精神，投身慈善，取诸社会、用诸社会，曾捐出总计逾 3 亿新加坡元，资助新加坡医院、养老院、学校、艺术组织和慈善机构。

---

① 任芳：《品人生：邵逸夫——中华首善的百年传奇》，西安电子科技大学出版社 2015 年版，第 171 页。

三、董浩云家风

（一）董浩云其人

董浩云，1912 年 9 月 28 日出生于上海闸北，原籍浙江定海，名兆荣，后取“浩如云海、前程无边”之意改名浩云。中国现代航运先驱，“世界七大船王”之一，被誉为“现代郑和”。

1928 年，年仅 16 岁的董浩云进入社会，在上海“国际运输株式会社”任实习生，半年后考入金城银行下属的“通成公司”。1931 年，前往通成公司下属机构“天津航业公司”任职。董浩云目睹中国民营航运业基础十分薄弱，便设想创办中国航运信托公司，并于 1936 年着手筹组“中国航运信托公司”。从此董浩云将自己的生命与振兴中国航运的宏图大业紧紧联系在一起，正如他在日记中所说，“愿为国人航运史开一新纪元”。

不过适逢 1937 年日本全面发起侵华战争，董浩云的努力付诸东流。1941 年董浩云重组中国航运信托公司，在香港注册。然而日本发动太平洋战争，公司又夭折。抗战胜利后，董浩云另行成立中国航运公司，从事远洋航运业务。1947 年 8 月，该公司的“天龙”号货轮从上海港出发首航欧美；“通平”号货轮首航美国旧金山，这是中国人驾驶轮船远渡太平洋、大西洋的先例。

1948 年 12 月，董浩云举家迁往香港，以香港为基地，开始实现他走向世界航运的理想。他的航运公司淘汰了很多老旧的船只，添造了很多新船，如“东方皇后”“东方华丽”“东方友华”“如云”“亦云”“凌云”等。1961 年，董浩云日益庞大的海运王国，成为第一个加入国际班轮队伍的华资航运集团。1969 年，董氏集团在亚洲航运业中是进入革命性货箱化的先锋，以“东方海外货柜航运公司”名义，开办全货柜船（即集装箱）业务。

董浩云是“华人经营国际客轮航线第一人”“亚洲开拓集装箱航运的第一人”，其事业最顶峰时拥有船只 150 余艘，总吨位超过 1100 万吨，跻身世界最大独立船东之一。1970 年 8 月号美国出版的《福布斯杂志》以“世界船业大王”为专题，排列了当时世界上航运业的著名人物，董浩云名列第一。

董浩云在发展航运业之余，热心提倡国际性的高等教育。1970 年以巨资购买“伊丽莎白皇后”号邮船创办“海上学府”，1971 年这艘邮轮失火焚毁。之后他又购得“大西洋”号（后易名“宇宙学府”号）成立“海上学府”，实现他的海上教育计划。多年来，海上教育计划由董浩云所创办的船上教育研究所领导，附属于美国的匹兹堡大学。董氏集团的教育基金会设有奖学金，资助从亚洲的大学选出的优秀学生在“宇宙学府”就读。

1982 年 4 月 15 日凌晨，董浩云因心脏病猝发在香港逝世。他所创办的宏大事业由其两个儿子董建华、董建成兄弟继承发扬。

（二）董浩云家风侧影

董浩云是一个具有强烈民族主义色彩的人，他热爱中国，把自己的事业、命运和中国联系在一起。在为他的船举行下水典礼时，他经常说的一句话就是：“我们航运业界要负起繁荣中国、繁荣亚洲经济的时代使命。”

董浩云于 1948 年离开上海移居香港，以后的 30 多年间他的足迹遍布亚洲、欧洲、北美洲、南美洲、非洲、澳洲等世界各大洲，其间虽然从未踏足祖国大陆，但他的内心蕴含着一种难以忘怀的中国情结。他从未申请过外国护照，并以身为中国人而感到自豪，他至死都以无护照地位的香港身份证明书作为出入境的证件。

1950 年 6 月朝鲜战争爆发，美国政府认识到台湾战略地位的重要性，开始把大宗的货运生意交给董氏集团在台湾的公司承运。经过十几年的生意往来，董浩云与美国上层建立了密切的关系。卡特、里根、尼克松、福特等美国历任总统在入主白宫后，都曾约请董浩云共同进餐。他们曾经建议董浩云加入美国国籍，但都被他婉言拒绝了。董浩云与英国伊丽莎白女王、查尔斯王子的私交也不错。英国政府也曾游说他加入英国国籍，并要授予他爵位，董浩云也一一谢绝。他曾私下对朋友说：“我不想改变中国人的身份，我即使拿了外国护照，外国人照样把我当成中国人。我何不就以中国人的身份出入，将来有什么成就，都是中国人的事业。”

“人活着要有意义……以中国人为骄傲再创天地。”这是董浩云为人处世的座右铭。他不仅以实际行动践行着自己身为一名中国人的骄傲，还始终教育下一代谨记中国人的身份。他的长子董建华出生时，正值中华大地惨遭日本铁蹄践踏，中华民族正处于国破家亡的危难之中。在董建华出生的当天，董浩云在日记中写道："上帝赐予这一新生命，希望他发扬光大。"在董建华 2 岁生日时，董浩云在儿子的照片背面又题写了一行字："欢迎伟大新时代的晨光。"

董浩云常对董建华说："要记住，自己是一个中国人！"这对董建华的影响非常大。20 世纪 60 年代初，美国社会掀起阵阵种族歧视的恶浪，董建华在美国工作时正赶上这股恶浪袭来。当时，有些旅美华人出现了自卑感，甚至不敢说自己是中国人，宁肯说自己是日本人或者新加坡人。而一些拿到"绿卡"的中国人，在自己的同胞面前又摆出高人一等的模样。这些对年轻的董建华也产生了冲击，他曾要求父亲出面为他办一张"绿卡"。董浩云听了之后非常生气，严肃地对他说："不管给什么籍，我们到底还是中国人。个人没有作为，不管什么籍，都没有人看得起。"他坚决不同意为儿子申办美国护照。

董浩云的以身垂范和倾心教导对董建华的影响非常大。董建华后来也没有辜负父亲的期望，不仅在子承父业上颇有建树，而且在香港回归祖国后，荣任香港特别行政区第一任行政长官。在董浩云去世之后，董氏家族与美国仍然保持着联系。布什继任美国总统之后，多次邀请董建华到白宫做客，布什到香港时，董建华也以礼相待。但当美国政府邀请董建华加入美国国籍时，他却没有接受。董建华一直践行着父亲"以中国人为骄傲再创天地"的教导。

四、王宽诚家风

（一）王宽诚其人

王宽诚，浙江宁波鄞县人，1907 年出生于江苏靖江县。[①] 15 岁进宁波永丰猪行当练习生，三年师满后，进江厦街源吉钱庄，担任贷放工作。

---

① 沈雨梧：《港澳著名爱国企业家王宽诚》，《宁波经济》1996 年第 2 期。

1932 年应聘为泰丰面粉厂采购主任，兴利除弊，令该厂业务蒸蒸日上。1935 年与人合营开设维大鼎记面粉号，任经理，锐意经营，发展迅速，未及两年，在余姚、慈溪、镇海等地扩设分号 6 家。在宁波打稳基础后，1937 年转向上海发展，开设“维大洋行”，经营面粉、罐头食品、呢绒、木材等内外贸易，与人合营通合地产公司、祥泰轮船公司、中国钟厂。抗战爆发后，认购公债法币 22 万元，并投资开张中国国货公司。1941 年 12 月日军占领上海租界后，业务退至大后方重庆。1945 年抗战胜利后返沪，改维大洋行为维大华行，设分公司于香港、伦敦、纽约等地。

1947 迁居香港，设立维大洋行（香港）有限公司，随后设立幸福企业有限公司及数十家有限公司，经营金融、地产建筑、船务、国内外贸易、百货、食品、木材加工等业务。历任香港中华总商会副会长、会长、永远荣誉会长，兼香港、澳门 10 余家公司、机构名誉会长、董事、主席等职。

1949 年应邀参加开国大典，北上参观东北解放区返港后，发表了《北行见闻》，宣传并赞扬解放区新面貌，对港澳同胞了解时局、认识中国共产党领导的新政府产生了很大影响。新中国成立后，历任中国人民政治协商会议委员、全国人民代表大会代表、暨南大学副董事长、中华全国工商业联合会常务委员、香港特别行政区基本法咨询委员会执行委员会副主任等职。此外他还在内地 20 余个机构兼任董事、理事、顾问。

王宽诚非常关心内地及香港的教育事业和社会福利事业。其中最著名的是他 1985 年出资 1 亿美元成立王宽诚教育基金会，对中国大陆、台湾及港澳学者出国攻读博士学位、开展博士后研究及学术交流提供资助，为国家培养高级科技人才。王宽诚教育基金会是迄今世界上数额最大的教育基金会。截至 2017 年 12 月底，基金会在海内外设立的资助和奖励项目达 50 个，累计 7500 多人次受益。

王宽诚还非常关心家乡的建设和发展。20 世纪 60 年代捐资 100 万元修建东恩中学和东恩小学，成为新中国成立后海外“宁波帮”捐赠故乡教育事业第一人；1980 年成立“甬港联谊会”，为宁波改革开放打开了一扇大门。

1986 年，王宽诚因患肝癌不幸逝世于北京，享年 80 岁。1998 年，国际小行星命名委员会将编号为 4651 号的小行星命名为“王宽诚星”。

2018年12月18日，党中央、国务院授予王宽诚同志改革先锋称号，颁授改革先锋奖章，他获评支持国家建设和改革开放的香港工商界优秀代表。

（二）王宽诚家风侧影

王宽诚终生爱国，他一生从事的事业都力求有利于国家的振兴。在80年的人生历程中，王宽诚将个人发展紧紧地与国家、民族连在一起，其临终前留下的话是："我岁数大了，就是想为国家多做贡献，其他无所挂念。"

在新中国成立以后的很长一段时期里，以美国为首的西方国家对我国采取敌视态度，在经济上实行封锁和禁运政策。对此，王宽诚一方面旗帜鲜明地在报纸上直斥美国的禁运为"洪水猛兽"；另一方面，立即行动起来，帮助祖国打破这种封锁。他利用香港特定的有利条件和他在纽约、伦敦的维大分行积极开展国际贸易，为新中国购置了大量急需物资。他还认购人民政府胜利折实公债21万份，又从香港调入相当于2000两黄金的外汇，投资国内。

王宽诚曾经说过这样一番意味深长的话："个人的事业是鱼，国家的利益是熊掌；我舍鱼而取熊掌，宁愿放弃使自己的资产翻番，甚至加到十几番的机会。"他是这样说的，也是这样做的。

抗美援朝时期，王宽诚积极响应国家号召，通过变卖香港地皮来获取资金，率先捐献一架战斗机，同时还为国家大量购买紧急需要的物资。以王宽诚的眼光和经济头脑，他不会不知道这些地皮如果留着将来会获得怎样巨大的利润。但是祖国有难，匹夫有责，他"舍鱼而取熊掌""舍利取义"。

20世纪五六十年代，西方国家对新中国实行经济封锁，为了打破外洋轮船不得进入中国、外国口岸也不让中国货船进入的限制，他特意开辟了远洋航运业务，由他出面为中国运送物资。他还专程去欧洲订购远洋货船，全部租给中国的轮船公司，为大陆打开了通往世界各国的海上通道。

当时中美还未建交，王宽诚的种种爱国义举，遭到了美国政府的忌恨，说王宽诚是共产党人，把王宽诚的公司列入"黑名单"，维大行在美分行的资金被冻结。对此，王宽诚亲自到美国驻香港总领事馆进行说理。他说："我虽不是共产党，但我是一个中国人！难道中国人爱中国有罪吗？太平洋战争爆发后，美国政府不是也号召美国人献资献财以示爱国吗？中国在遭到困难时，我为什么不能捐献物资以表我爱国之心呢？你们说我买共产党政府发行的公债就是共产党，那么我在抗日战争时也买过国民党政府的公债，莫非又是国民党了？”王宽诚的一席话，驳得美方无言以对。

“宽以济世，诚以育人”，王宽诚精神也照耀着他的后人。目前，王宽诚的后人及王宽诚教育基金会一直秉承王宽诚先生遗志，使基金会在选育人才、招引人才中发挥着历久弥新的作用，续写“为国育才”的新篇。王宽诚的骨灰于1989年从北京八宝山革命公墓移葬至宁波东钱湖畔，此后每年四月间，王宽诚的后人都会回一趟宁波，每次必到王宽诚曾经捐建的东恩中学。东恩中学校长王剑平说：“从王宽诚先生本人，到他的儿子，再到他的孙子，代代传承，我们俨然已经成为一家人。”“在我的印象中，王宽诚的后人低调、朴实、亲切。”言传身教，家风得以传承。在宁波甬港联谊会副会长王智明的印象中，王宽诚的后人每年都要来宁波好几趟，不仅仅是清明回来祭祀，“更多是回来看看故乡还有哪些可以帮得上忙”①。

五、顾乾麟家风

（一）顾乾麟其人

顾乾麟，1909年12月12日出生于上海，原名怡康，字乾麟，后以字行世。顾乾麟出身丝商世家，曾祖父顾福昌是著名的湖州南浔“四象”之一。清末至民国初，在浙北古镇南浔曾经崛起过一个以经营生丝而致富的商业财团，人称“四象八牛七十二金狗”。

顾乾麟的祖父顾敬斋继承父业，经营蚕丝，原在无锡开设“源康丝厂”，后在上海开设“怡和源打包厂”，去世后由他的父亲顾叔苹继任总经理。1926年，顾叔苹因患肾炎不幸病故，当时怡和源打包厂负债三万七千银两。时年17岁的顾乾麟“子继父职，弃学就商”，到怡和源打包厂任实习经理。

从1926年到1936年，顾乾麟学会了打包厂的各种业务，精通了全厂

①《王宽诚：开时代先河 更福泽后人》，http://daily.cnnb.com.cn/nbwb/html/2018-12/19/content_1141671.htm?div=0。

的大小事务，成为正式经理，使工厂业务蒸蒸日上，转亏为盈，偿清了全部贷款。1939 年，他的事业更趋顺利，资产也增加了很多。但他常常感到早年因父亲病故中途辍学而读书太少，因此决定创办一项奖学金资助贫困的学生，定名为“纪念叔苹公高初中学生奖学金”，简称“叔苹奖学金”。

顾乾麟曾先后任上海怡和打包厂经理、上海怡和洋行进出口经理、怡和纱厂代理人。1949 年新中国成立前夕，他移居香港谋求发展，创办了顾氏公司，自任董事长，并先后担任香港怡和有限公司棉花纤维贸易部经理、董事局顾问。

顾乾麟移居香港后仍挂念“叔苹”得奖学生的学习和生活，于 1950 年 2 月从香港汇寄第 20 期“叔苹奖学金”的奖金至上海，又于 1951 年筹措一笔港币给在北京的“叔苹”得奖学生。其后因政治原因，“叔苹奖学金”中断。

改革开放以后，顾乾麟受到上海方面的热情邀请，并于 1986 年在上海市三女中、上海中学重办叔苹奖学金，使得叔苹奖学金事业得以延续下去。以后，顾乾麟又在北京、湖州等地建立叔苹奖学金机制。1986 年顾乾麟恢复了 1950 年在上海停办的叔苹奖学金。1988 年又在北京、湖州等地设立叔苹奖学金，并被聘为北京市人民政府教育顾问。同年获美国圣罗士学院荣誉文学博士学位。

1998 年 2 月 14 日，顾乾麟在香港圣保禄医院病逝。按照他的遗愿，家人把他的骨灰安放在湖州道场山其父母陵墓一侧。

（二）顾乾麟家风侧影

顾乾麟的父亲顾叔苹，生前在经营商业的同时，还热心慈善事业，重视教育。世人称颂：“顾公叔苹，胡城睿英。生逢乱世，忧国忧民。振兴实业，披荆斩棘。创设义校，沥血呕心。红十字会，董事是任。救死扶伤，造福人群。温文敦厚，克己容人。笃信重诺，旷达贤明。得诸社会，还诸社会。立言立德，身体力行。治家严谨，孝悌精诚。高风亮节，遐迩慕名。”[①]

1926 年春，顾叔苹身患肾炎，卧病在床。肾炎在当时是不治之症，

① 叔苹奖学金同学会：《顾公叔苹纪念碑文》，载《叔苹奖学金建立五十周年纪念册》。

深明孝道的顾乾麟为救父亲生命于万一而仿效起古人的“割股疗亲”。他趁煎药的时候，用嘴咬着左臂上的肉，忍着剧痛用剪刀将肉割下来，放进药中，然后自己又用香灰敷在伤口上止血，再用布扎起来。不过顾乾麟的孝心并没有感动上苍，病入膏肓的父亲，无药可治，不久便撒手人寰。临终时，顾叔苹拉着他的手谆谆嘱咐道：“一个人不能无钱，不过钱要赚得正大，用得光明。不要被钱利用，要好好去利用钱。得诸社会，必须还诸社会！”要他牢记于心，切实力行。从此，顾乾麟就以这八个字作为他人生的努力方向，贯穿于他人生的事业之中。

父亲病逝后，顾乾麟与母亲相依为命，母亲将希望寄托在儿子身上，对顾乾麟管教极为严格。她自己省吃俭用，从不浪费分文。她经常教育顾乾麟待人接物要和气，要帮助别人、宽恕人、体谅人。对自身要节约，切勿浪费，努力做好自己应该做的事情。父母的言传身教在顾乾麟的心中埋下了奉献社会的种子，这颗种子慢慢生根发芽，日后长成了参天大树。

1939 年，怡和打包厂需要招五名练习生，结果报名者有 200 多人，报名者大多数是因为付不起学费而辍学的孩子，其中还有许多成绩很优秀的学生。这个事对顾乾麟触动很大，他想到了父亲弥留之际的教诲，因此决定创办一项奖学金资助贫困的学生，并且以父亲的名字命名，最终创立了“叔苹奖学金”。奖学金起初规定资助学杂费，以后逐渐扩大范围，如学生生病治疗可资助医疗费，成绩特别好的可资助膳宿费，高中毕业后出国留学可资助出国费等。

从 1939 年创办至 1949 年停办，10 年间，“叔苹奖学金”资助贫苦学生累计达 1100 人。中华人民共和国成立后，“叔苹奖学金”一度中断，从 1986 年起，顾乾麟在政府有关部门的支持下又恢复奖学金，并把设奖范围从上海扩展到北京、湖州、南浔等地，获奖名额每期扩大到 800 人之多。1995 年，顾乾麟又捐出港币 1000 万元增补奖学基金。目前，“叔苹奖学金”已成为我国民间创办的历史最长、受奖学生最多、设置学校最广的奖学金。

顾乾麟先生在总结他 80 年的人生历程时说：“我觉得社会上大多数人总是为了金钱，把金钱看得比生命还重要。做人自然不能没有钱，但也不能把金钱看得太重……我认为自己辛苦赚来的钱，应该趁自己活在世上时，不要太孤寒，要用的地方尽量用，多做些有益社会的事业，子女们应该先供给他们高等教育，使他们有能力自己创造事业。”顾乾麟与夫人刘世明育有四子一女。长子顾家振，美国斯坦福大学建筑学硕士，为建筑师。次子顾家麒，英国剑桥大学文学学士、剑桥大学内外科医学学士、加拿大麦吉尔大学科学硕士、英国皇家外科学院院士、爱丁堡皇家外科学院院士、美国外科学院院士，为医生。三子顾家邦，美国加利福尼亚大学商科毕业，顾氏公司执行董事。四子顾家麟，美国波士顿大学商科学士，顾氏公司执行董事。女儿顾文梅，美国加利福尼亚大学商科毕业，任职剑桥图书馆。他又有孙儿三人、孙女六人，皆求学、毕业于美、英、加等国大学。①

顾乾麟去世前立下遗嘱，将他的一部分资产作为奖学金，以保证叔苹奖学金长期办下去，为国家造就了一代又一代既具有渊博知识又具有高尚品德、能发扬“得诸社会，还诸社会”精神的建设人才。顾乾麟的一生都在诠释父亲的遗训“得诸社会，还诸社会”。顾乾麟去世后，其子顾家麒接任，并继续扩展，2008 年在浙江大学又新设立了“恩津奖学金”。顾氏家属助学义举薪火相传，且长盛不衰，实属全国罕见。②

第三节 “家”文化对家族企业代际传承的影响

在占据着我国经济大半壁江山的民营企业中，80% 以上是家族企业。浙江作为民营企业的重镇所在，其家族企业所占的比例要高于全国。浙江大学城市学院家族企业研究所副所长、浙江大学企业家学院副教授朱建安曾指出，浙江民营企业中家族式企业占比约在 90%。长期以来，人们对家族企业的认识存在一定的偏颇，家族企业一度成了封闭、落后、低效率的代名词。但家族企业作为我国民营企业的主力军，在推动经济发展的过程中做出了巨大的贡献，对家族企业的发展不应片面地排斥，而应引导其扬

① 李广德、朱倍得、冯新泉：《“热心教育事业，培养建设人才”——著名爱国教育家、湖州市荣誉市民顾乾麟博士传略》，《湖州师专学报》1990 年第 2 期。
② 徐顺泉：《略论近代浔商慈善事业与慈善思想的特征》，《湖州职业技术学院学报》2009 年第 2 期。

长避短、持续成长。

作为我国经济发展中一支不可忽视的力量，目前，众多的家族企业开始面临传承之问题。中国民营经济研究会家族企业委员会 2015 年发布的《中国家族企业传承报告》显示，“在未来 10 年内，将出现大批企业家先后退休、第二代继任者上任的情况”。数量众多、作用至要的家族企业能否顺利交接、传承延续和进一步发扬光大，不仅关乎单个家族和企业的命运，而且关系到整个国民经济、就业甚至社会稳定等问题。

截至目前，浙江家族企业中已经有非常多由第一代向第二代成功过渡与传承的代际传承案例，自 20 世纪 90 年代初起，浙江家族企业就已经开始进行一系列“权力交接”，并诠释着“子承父业”继任模式的成功运作：吉尔达集团余进华接替父亲余阿寿担任总经理（1991）；鲁伟鼎接替父亲鲁冠球担任万向集团总裁（1994）；传化集团徐传化把经营大权交给了儿子徐冠巨（1995）；徐文荣长子徐永安被正式任命为浙江横店集团控股有限公司总裁（2001）；方太集团茅理翔改任董事长，将总经理位子让给其子茅忠群（2002）；楼忠福之子楼明，已经接掌广厦（2002）；苏泊尔集团的苏增福之子苏显泽接任上市公司的董事长兼总经理，苏增福则退居幕后（2004）……[①] 近年来，浙江家族企业的代际传承现象在持续发生，如杭州娃哈哈集团董事长、总经理宗庆后要将家业传承给女儿宗馥莉，义乌新光集团创始人周晓光、虞云新的儿子虞江波已接班成为新光饰品掌门人。

但与数量众多的浙江家族企业相比，成功完成代际传承的家族企业比例并不算高。据国外有关研究显示，家族企业的代际传承成功率呈递减趋势，能延续至第二代的仅仅为 40%，能延续至第三代的更是只有 15%，只有 3% 的家族企业在第四代及以后还在经营。在我国，自古以来就流传着“富不过三代”的说法，家族企业如果处理不好代际传承的问题，也会出现“富贵传家、不过三代”的现象。因此，基于“家”文化的视角，对家族企业的代际传承进行研究与思考确有必要。

① 包发根：《继任管理与创新：家族企业基业长青的根本——浙江家族企业接班人问题考察》，《乡镇经济》2006 年第 4 期，第 32 页。

一、家族企业的代际传承及其现状

我国家族企业常见的传承模式一般有两种：代际传承和外聘职业经理人。代际传承，即所谓“子承父业”，它保持了所有权和经营权在家族内部的统一。外聘职业经理人，即从外部引进职业经理人，它导致了家族企业所有权和经营权的分离。① 在我国，“子承父业”的代际传承往往是家族企业传承的首选模式。根据全国工商联研究室和浙江大学家族企业研究所联合课题组（2014）的调查，在所抽样的过去 5 年中经历过企业主更替的 93 家家族企业中，企业接班人无一例外都是企业家的子女。② 究其原因，一是由于我国职业经理人市场的不完善、产权保护的困难以及财富信托和监管机制的滞后，为家族企业找个“管家”有困难。二是来源于历史上皇朝更替的教训，家族企业主对职业经理人抱有猜忌，对职业经理人的权利分享存在犹豫。三是受几千年丁亩制、丁兵制和父子间家庭经济一体的影响，“子承父业”被视作理所当然。

“子承父业”的家族企业代际传承除了直接由父亲传给子女之外，还有其他的传承形式，如由祖父传给孙子；由兄长传承给兄弟，然后再由兄弟传给其兄长的儿子；等等。不管形式多么不同，代际传承的最终目的是保证家族企业的大权在家族内部的延续。截至目前，我国家族企业中已经有非常多由第一代向第二代成功过渡与传承的代际传承案例，如浙江的横店集团和万向集团、江苏的华西村和红豆集团等，徐文荣、鲁冠球、吴仁宝、周耀庭等将各自的儿子培养成接班人，浙江方太集团董事长茅理翔把企业传承给儿子茅忠群，广东碧桂园老板杨国强把企业股权传给女儿杨惠妍，格兰仕老板梁庆德由儿子梁昭贤接班，等等。近年来，我国家族企业的代际传承现象持续出现。如娃哈哈集团董事长、总经理宗庆后要将家业传承给女儿宗馥莉，浙江新光集团创始人周晓光、虞云新的儿子虞江波已接班成为新光饰品掌门人等。

但与数量众多的家族企业相比，成功完成代际传承的比例并不算高。

① 邢伟：《对浙江家族企业代际传承问题与建议的思考》，《商业经济》2006 年第 6 期。
② 中国民营经济研究会家族企业委员会：《中国家族企业传承报告》，中信出版社 2015 年版，第 5 页。

据国内的有关调查，中国民营企业家已经超过了 300 万，由于找不到合格的接班人，95% 以上的中国民营企业家难以逃脱“富不过三代”的宿命。家族企业的代际传承能否顺利完成，既与接班人的意愿、接班人的能力有关，也与家风家教、家族关系、家族治理等密切相关。家族企业如果处理不好代际传承的问题，势必会出现“富贵传家、不过三代”的现象。

二、“家”文化及其对家族企业的作用

“家”文化是家族企业的基石，许多家族企业第一代在白手起家创业之始，“家”文化就深植其中，他们大都动员所有能动员的力量、运用所有能用上的人脉关系，可谓“举家创业”。在家族企业由第一代向第二代过渡与传承之际，“家”文化的作用与影响同样不可小视，家族价值观、家族和谐关系、家风家教、家族治理等始终是家族企业基业长青的重要因素。

“家”是传统中国社会最基本的社会单位，中国重“家”的思想由来已久，中国的“家”文化积淀深厚。中国“家”文化中的“家”不同于西方界限分明的“家”概念，它具有较大的伸缩性，可以依需要，沿亲属差序向外扩大，任何家族以外的社群、机构，包括企业都可以被认为是“家”的扩大，其解剖面可以包括家庭、家族、家庭与家族所赖以生长的地域以及企业等各个部分。作为中国传统文化的核心，“家”文化已经渗透到了政治、经济、宗教、社团和企业等各个层面，并由此而产生了一整套完备的伦理道德规范和观念行为体系。①

“家”文化对人的作用、影响和约束最直接、最具体，主要包括调整家族成员之间相互关系的伦理道德规范，家族成员的行为规范，家族成员对自身、社会与家族关系的认识。它并不纯粹是一个抽象、不可捉摸的东西，而是会具象在家训家规、家族会议中，也会凝结在长辈的言传身教、家风家训里。在家族企业里，由于家庭成员之间的亲情与伦理关系，在日常经营管理特别是企业传承方面，“家”文化都在发挥着非

① 张新芝：《中国传统家文化对企业家行为的影响》，《华东经济管理》2010 年第 1 期。

常重要的作用。

香港中文大学范博宏教授提出影响企业传承模式的两大类要素分别是家族特殊资产与企业路障，据此可以将家文化对家族企业的作用与功能归纳为以下两个方面：一是使家族赋予企业的核心价值、特殊工艺以及创办人独特的创意、领导方式等家族企业的特殊资产得以顺利传承。许多成功的家族企业，都有成文或不成文的规范家族成员的规定，这是家文化的一种载体，也是传承特殊资产的有效方式。如意大利已有 260 多年历史的 Monzino 家族，世代生产销售乐器。其家族规定，唯有热爱音乐，至少会奏一样乐器，并不为了致富而工作的子孙，才有资格就职于家族集团。二是清除企业路障，让家族事业与价值理念得以有序传承。企业路障既可能来自市场、行业等外部，也有可能来自家族内部。如香港李锦记家族，第二代、第三代的家族成员都曾经历了分裂，付出了惨重代价，第四代就非常注重“家”文化的建设，设立了反映家族精神的“家族宪法”和家族成员相互交流的平台——“家族委员会”制度，清除了企业路障。

由此可见，“家”文化是家族企业代际传承的润滑剂，也是实现家族企业永续发展必不可少的重要因素，能否营造出良好的“家”文化，在很大程度上关系到家族企业能否顺利实现代际传承。

三、优良“家”文化对家族企业代际传承的影响

（一）优良“家”文化可以增强家族认同与家族承诺，提升接班人的意愿

家族企业代际传承的首要前提条件是接班人的意愿。但从调查数据来看情况并不乐观，中国民营经济研究会家族企业委员会 2015 年发布的《中国家族企业传承报告》指出：“相比于父辈较高的交班意愿，家族企业二代的接班意愿并不高。明确表示愿意接班的二代仅占调查样本的 40%，而有 15% 的二代明确表示不愿意接班，另有 45% 的二代对于接班的态度尚不明确。”

中欧国际工商学院家族传承中心将影响家族企业二代接班意愿的因

素归纳为自身因素、企业因素和家庭因素三个方面，其中家族价值观、家庭关系等家庭因素极大地影响着二代对于家族企业的认可和承诺。正如中欧国际工商学院管理学教授李秀娟所指出的：传统性、家庭和睦、家族兴旺与子孙继任方式的相关度非常显著。当一代更为传统、更关心家庭幸福，就更倾向于让子孙接自己的班。与此同时，二代的传统性越强，继任意向就越强。另外，家族兴旺和家庭归属感与家族涉入这一方式相关。当一代更关心家族的延续和繁荣时，他们就更愿意让家庭成员掌控或涉入企业。而如果二代更在乎家族幸福，就会更享受工作，心里越是觉得自己是家族中的一分子，就会越愿意接任家族企业。①

因此，优良的“家”文化可以使家族企业的家庭关系更为和睦，家族更为兴旺，家族认同感和归属感更为强烈，家族价值观更能够得以传承，从而避免“布登波洛克”现象，提升接班人的意愿。

（二）优良“家”文化可以加强家风家教，利于接班人对企业无形资产的传承

家族企业的代际传承，除了传承物质财富等有形资产之外，第一代企业家敢打敢拼、敢作敢当、吃苦耐劳、开拓创新、奋发图强、不断进取的精神以及坚守品质、诚信真善、义利并举等商业道德与文明更是尤为重要的无形资产，能否实现这种无形资产在代际间的延续，直接关乎家族企业代际传承的成败。

“小成靠智，大成靠德。”正如学校对“德才兼备”人才的培养一样，家族企业对接班人的培养也须“德能兼备”，除了能力之外，“德”始终应成为接班人的为人之道与经商之方，而这些都需要通过潜移默化的家风家教来发挥作用。家风是一个家庭在世代繁衍过程中逐步形成的较为稳定的生活作风、生活方式、传统习惯、道德规范和为人处世之道的总和。家教是在家庭或家族中展开的对其成员的涵养、教化，尤其是对下一代的教导与培育。家风的世代传承通常要依凭良好的家教、家训，家风相对而言是一种润物细无声、耳濡目染的教育力量，侧重于“无形

① 李秀娟：《重拾家文化：如何提升接班意愿》，《清华管理评论》2015 年第 12 期。

的身教”；家教家训相对而言是一种“有形”的、有意识的教育力量，侧重于“言传”“书传”。

习近平总书记治国理政以来非常重视“家”文化的建设，他在2015年春节团拜会上指出要“重视家庭建设，注重家庭、注重家教、注重家风”。商人家庭、家族企业主对于家风家教的重视有利于对接班人的培养和教育，从而实现家族企业无形资产的顺利传承。

（三）优良“家”文化可以实现与企业文化的互促共生，利于家族企业代际的平稳传承

在家族企业中，“家”文化影响着企业文化，同时企业文化又联结着“家”文化，成为家族企业代际平稳传承的纽带。企业文化是企业的基本价值观和行为规范，是企业倡导、信奉同时必须付诸实践的价值理念，也是家族企业管理创新、充满活力、永续经营的内在源泉。一个拥有健康向上企业文化的家族企业，就拥有了企业代际传承的大平台。

目前，家族企业面临着企业文化构建的问题，尤其是中小规模的家族企业在企业文化建设上有些跟不上，一些家族企业文化是长期经营中无意识积累形成的，带有浓厚的经验色彩，甚至是企业创立者长期自发形成的价值理念，缺乏应有的真正的企业文化内涵。而构建家族企业文化的实质，是要抛弃传统家族伦理中非理性的血缘、亲缘观念，建立适应现代企业制度的业缘、事缘理念，设计出与现代企业相符的管理制度与激励措施，充分发挥员工潜能和积极性。

（四）优良“家”文化可以提升家族治理，利于家族企业的永续发展

家族企业由“家族”和“企业”组成，从家族企业传承的管理角度而言，家族企业经营者必须同时关注家族治理及企业治理两个方面。企业治理是落实企业永续发展的关键机制，而家族治理则可以实现家族企业的代际传承与发展壮大。在家族企业的运营与传承过程中，家族成员之间不可避免地会产生矛盾与冲突，尤其是当家族企业面临交接班、财产纷争之时，这时仅仅凭亲情、血缘往往是无法维系的，而是需要制定相关的规范进行约束，搭建相应的平台进行沟通与调节，通过家族治理来进行事前防范或事

后解决。

优良的“家”文化可以提升家族治理效果，妥善解决家族内部的代理问题，避免消极裂变分家，顺利实现企业的代际传承和永续发展。反之，“家”文化缺失或者不良的“家”文化则会导致兄弟阋墙，影响企业的代际传承和发展。如香港李锦记家族，因第二代三兄弟之间以及第三代两兄弟之间出现了兄弟阋墙，家族企业曾诉诸法庭停产长达半年之久，濒于破产边缘。其从第四代开始长期致力于“家”文化的构建，以家族“治未病”出发，建立了家族委员会、家族议会、家族办公室等家族内部管理机构，制定了“家族宪法”。至今，李锦记已传承了四代 120 多年，三位第五代成员也加入了家族委员会，与第三代、第四代一同参与家族的管理。

由以上分析可知，“家”文化对家族企业的发展意义深远，它不仅关乎企业的代际传承，还关乎企业的永续发展。从长远来看，家族企业“家”文化的构建还对引导健康、有序的商业文明大有裨益。目前，我国内地的家族企业还没有传承几代的范例，在“家”文化的构建过程中需要向国外传承了几代、几十代的家族企业进行学习，吸取滋养，并结合自身实际与本土文化进行调适与创新，加强家庭建设和家族教育，在经营好企业的同时，经营好“家”。

后 记

本书是我近年来对地方名人家风家训进行研究与思考的成果，也是杭州市社科规划“人才培育计划”专项课题“浙商的家风传承与构建研究”（课题编号：2016RCZX35）的成果之一。

自几年前将研究视角投注到地方名人家风家训以来，我时常被历代名人志士、古圣先贤教家立范、规物范世的责任和使命所打动，被他们在立身处世、治家教子等方面的自我修为和教化智慧所感染。在这一过程中我也常常对自身的家风构建进行审视与反思，力求从浙江名人家风家训这一宝贵的文化瑰宝中进行学习和借鉴。希望本书的出版，能让更多的人领略到浙江名人家风家训的独特魅力，传承中华优秀传统家风，建设当代中华好家风，对社会主义核心价值观引领下良好家风的培育和构建提供一些有益的借鉴和参考。

我在对地方名人家风家训研究的过程中，得到了所在单位杭州职业技术学院各位领导、同事的支持和鼓励，也非常有幸得到了校外多位专家学者的指导和帮助，尤其是得到了浙江工商大学校长陈寿灿教授的大力提携和指点，参与其领衔的浙江省“道德建设与价值培育”重点文化创新研究团队、伦理学省级重点学科成果《以德齐家——浙江家风家训研究》一书的编写；承担浙江省精神文明建设委员会办公室《“浙里”传家——浙江优秀家风家训故事》一书的具体编撰，在此表示最诚挚的感谢！

在本书的写作过程中，我也得到了家人的大力支持和鼓励，他们成为本书得以出版问世的坚实后盾。正是由于家人的辛勤付出，我才能脱身于对家庭事务的处理以及对两个年幼子女的照顾，在繁忙的教书之余抽出时间和精力撰写此书。

感谢浙江工商大学出版社张婷婷编辑，是她的认真细致和辛苦工作，本书才得以顺利出版。

在本书的撰写过程中，我虽然查阅了大量的文献资料，进行了深入细致的思考，力求精益求精、严谨科学，但因时间、能力等原因，难免存有纰漏与疏谬之处，敬请各位专家学者和广大读者批评指正！

杨　云

2019 年 2 月